Illustrated Flora of Fagaceae Trees of the World
Beech, Oak and Chestnut

世界橡實圖鑑

環遊亞、歐、美、非洲 132 種殼斗科觀察手繪寫眞

德永桂子／著　　原正利／解說

序

　基於可愛、質樸等原因而開始以橡實作為繪畫題材，是在 1994 年 5 月的時候。自覺有個頭銜或許會比單純的家庭主婦來得稱頭，於是決定參加英國皇家園藝協會（RHS）主辦的展覽，並有幸獲得金獎殊榮，能夠上得了檯面，進而在 2004 年獲邀出版《日本橡實圖鑑》（偕成社）。

　剛開始畫的時候，別說是橡實了，連植物都不是很了解。橡實對我來說，就像是草叢裡驚鴻一瞥的蜥蜴尾巴般小巧可愛。只不過，當我試圖將其捏起時，才發現實體超乎想像的大，拉出來的豈止是錦蛇，更是不得了的龐然巨物，甚至連＜地球的大陸＞和＜人類的活動＞都一一現形。即使把日本的橡實都畫完了，前方依舊是無邊無際的狀態。

　橡實家族隸屬殼斗科，全世界共 8 ～ 10 個屬，日本則有 5 個屬。把日本的橡實畫完也只占了一半左右。其餘的 5 個屬長什麼樣子？早期剛誕生時又是何種姿態？最大的橡實、小巧的橡實、奇特的橡實各是什麼模樣？還有，為什麼會長成這樣？各種疑惑接踵而來。沒見過、沒畫過的橡實太多了，強烈的好奇心無法壓抑。於是乎，為了找尋問題的答案、順應自己的興趣，我展開了走訪世界的橡實探索之旅。雖然還看不到盡頭，但少說也網羅了殼斗科 10 個屬，因此決定先做個統整。

　最後要由衷感謝已故的三原道弘編輯，是他開創了本書的出版之路。

德永桂子

目錄　序　*2*
本書編纂說明　*7*

亞洲的橡實　*8*

歐洲、非洲的橡實 *100*

美洲的橡實　*128*

南青岡科 南青岡屬　*174*

【本書編纂說明】

本書刊載了 132 種世界已知的殼斗科植物（包含亞種、變種、雜交種），以及 5 種近緣的南青岡科植物。兩者廣義來說都是結橡實的種類。世界已知的殼斗科植物的總種數，推測約有 900 ～ 1000 種，本書介紹了其中的 13 ～ 15%。殼斗科有 10（或 8）個屬，本書刊載了幾乎所有屬別的代表性種類。分布區域也平均網羅了亞洲、歐洲、非洲、美洲的種類，讓你閱讀本書即可理解殼斗科植物的全貌。

書中刊載的植物畫，全部都是實際觀察植物之後描繪出來的。相片若非作者德永桂子或解說原正利所拍攝，則會註明攝影者的名字。

本書植物畫的一大特色，在於除了畫出花朵、果實、枝葉之外，許多物種還把實生苗（芽）也畫出來了。這些畫盡可能以原寸呈現，讓你能夠直接感受實際的大小。樹型也是盡量搭配插畫或相片來介紹。

其他內容還包括，卷末的殼斗科植物相關解說、穿插介紹各種主題的專欄，讓你充分享受閱讀的樂趣。

物種的介紹順序，則先是按照分布區域亞洲、歐洲、非洲、美洲排序，再於各區域的篇幅內，依植物的屬別彙整歸納，物種較多的櫟屬，則會再往下劃分到組（屬、亞屬之下的分類群）。

①種名（位置請參照下圖）

按照中文名稱、學名、屬名，以及櫟屬的組名依序記載。不過，許多外國產的物種並沒有中文俗名，這些物種的中文名稱欄位將予以省略。關於學名，第 176 ～ 177 頁的專欄有相關解說。

②種的解說

首先會說明學名的意思，接著說明型態與分布、生態的特徵、生活利用、是屬於落葉樹或常綠樹，最後會再標示分布區域。

③圖中的解說

圖中，會簡短記述相對於實際植物的插畫縮放比例（例：×0.6）、觀察的地點（例：土耳其 安塔利亞省）、形態的特徵。

●內容執掌分配

本文中的植物畫和相片由德永桂子負責，各種解說（上述的①～③），以及第 178 ～ 188 頁的解說則由原正利負責。專欄由德永與原分擔撰寫。

① 土耳其櫟 ■*Quercus cerris* 櫟屬麻櫟組

② 學名的 cerris，拉丁語指的是本種，很可能是源自於原始印歐語中帶有「硬」之意的 kar-。與日本產的麻櫟同為櫟屬麻櫟組，殼斗的鱗片相當長。顧名思義，在土耳其國內很常見，高達 30m 的巨木種在田地與住家前相當雄偉。生長地廣泛且成長較快，但材質遠不及歐洲水青岡。落葉樹。

分布：義大利半島與巴爾幹半島、土耳其、敘利亞、黎巴嫩、伊朗、阿富汗。

× 0.6

× 1.0

③

× 1.0

× 1.0

鱗片長而捲曲

細長的果實

葉緣深裂

深綠色。

有密毛。　葉背　葉面

田中悠然聳立的一棵巨木。
土耳其 安塔利亞省

櫟屬麻櫟組 土耳其櫟 *103*

亞洲的橡實

亞洲，是全世界擁有最多
橡實種類的地區。
尤其是亞洲熱帶地區的橡實，
巨大且形狀奇特者相當之多。
超乎常理的橡實，
任誰看了都會大吃一驚吧！

雌花序

苞片　　　　　雄花

沖繩白背櫟（ *Quercus miyagii* ）
的橡實。日本最大的橡實。　×1.0

沖繩白背櫟的殼斗。　×1.0

沖繩白背櫟的樹木。長成大樹時，樹幹基部
會形成明顯的板根。

日本　沖繩縣

圓齒水青岡 ■ *Fagus crenata*　水青岡屬

　　學名的 Fagus 為拉丁文，意思是水青岡，而 crenata 則有圓弧鋸齒之意。日本的山毛櫸森林，圓齒水青岡占有極大規模，是冷溫帶的代表性森林。葉片尺寸會隨地區而有極大變異，在日本，少雪之太平洋側的圓齒水青岡葉片小巧稱為小葉櫪，而多雪之日本海側的圓齒水青岡則稱為大葉櫪以示區別。圖中畫的是日本海側秋田縣產的品種。落葉樹。

　　分布：北海道西南部到九州南部。日本特有種。

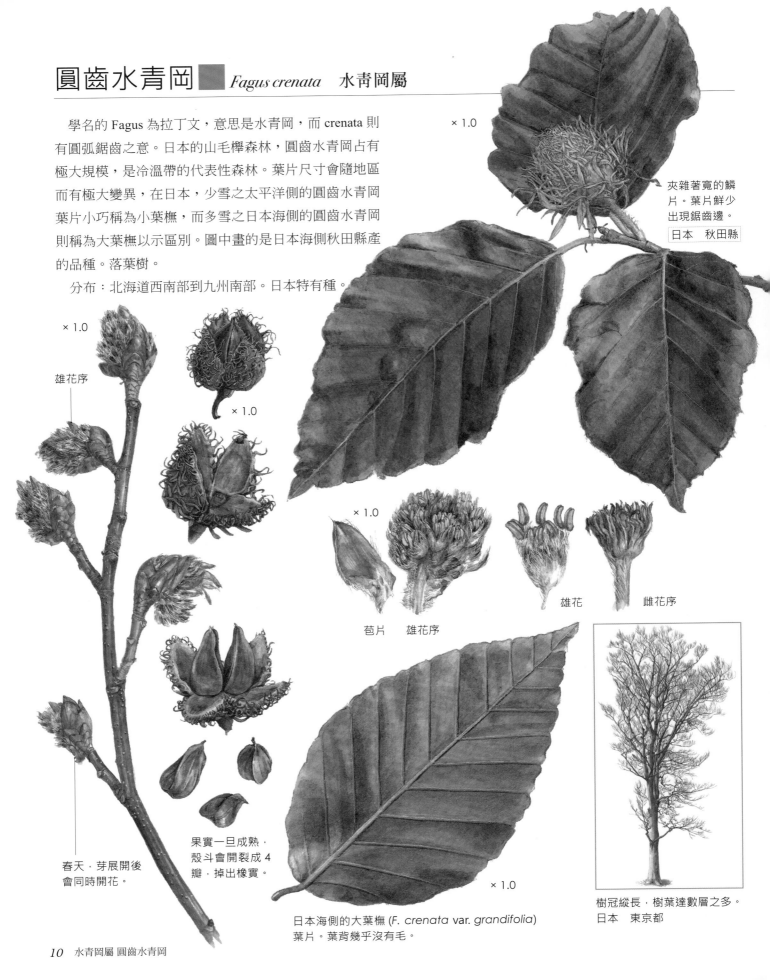

× 1.0

夾雜著寬的鱗片。葉片鮮少出現鋸齒邊。

日本　秋田縣

× 1.0

雄花序

× 1.0

× 1.0

苞片　　雄花序

雄花　　雌花序

春天，芽展開後會同時開花。

果實一旦成熟，殼斗會開裂成 4 瓣，掉出橡實。

日本海側的大葉櫪 (*F. crenata* var. *grandifolia*) 葉片。葉背幾乎沒有毛。

× 1.0

樹冠縱長，樹葉達數層之多。
日本　東京都

日本水青岡  *Fagus japonica* 水青岡屬

學名有「日本的水青岡」之意。葉子的側脈比圓齒水青岡多，葉背留有長毛。另外，從樹幹基部大量萌芽的叢生樹型也與圓齒水青岡有所差異，與中國的米心水青岡（*F. engleriana*）及韓國鬱陵島的竹島水青岡（*F. multinervis*）具有共通性質。殼斗小，已發育的堅果會露出於殼斗外。落葉樹。

分布：日本岩手縣北部到九州南部的鄰近太平洋地區。日本特有種。

× 1.0

殼斗的柄相當長。

殼斗小，
果實外露。

葉背脈上留有
長毛。

雌花序

× 0.7

雄花序

× 1.0

雌花序　　雄花

× 1.0

× 1.0

從地面長出多根主幹。
日本　東京都

輪葉三棱櫟 *Trigonobalanus verticillata*　三棱櫟屬

全世界 3 種三棱櫟類的其中 1 種。保有殼斗科祖先的型態。學名的 Trigonobalanus 有「三棱形的橡實」之意，種小名 verticillata 則有「輪生」之意。顧名思義，結有宛如水青岡果實縮小版的三棱形橡實。殼斗裂成數瓣，無法完全包覆果實。萌芽後會長成大樹。在馬來西亞的沙巴州被用作建材。常綠樹。

分布：中國（雲南省、海南島）、中南半島、馬來半島、婆羅洲、蘇門答臘、蘇拉威西島。

殼斗和果實彷彿水青岡的縮小版。

× 1.0
馬來西亞　砂拉越州

葉片硬，有鋸齒。

× 1.0

× 0.35

× 1.0

殼斗內有 3 顆以上的果實。

葉片 3 枚輪生。

雄花序

從地面大量萌芽長成高大的植株。
馬來西亞　砂拉越州

三棱櫟  *Formanodendron doichangensis* 中國三棱櫟屬

　　全世界 3 種三棱櫟類的其中 1 種。有的也將其納入廣義三棱櫟屬（*Trigonobalanus*）。學名的 Formanodendron 有「福爾曼樹」之意，取自於記載三棱櫟屬的英國植物學家路易斯‧李奧納多‧福爾曼（Lewis Leonard Forman）。doichangensis 則是取自於本種分布地泰國北部的大象山（Doi Chang）。與上頁的輪葉三棱櫟相比，一處結的橡實較少（1～3 個），雄花序長而下垂這點也不同。常綠樹。

　　分布：中國西南部和泰國北部特有種。

× 1.0

雌雄同花序。上半部是雄花序，下半部是雌花序。

雄花序

× 1.0
葉片厚，呈菱形。

中國　雲南省

本葉

× 1.0
子葉

柱頭

有翅。

× 1.0
果實

殼斗

雄花

果序

和圓齒水青岡的發芽極為相似。子葉會露出地面展開。

發芽約一個月後的狀態。

巴隆石櫟 *Lithocarpus palungensis* 石櫟屬

學名 Lithocarpus 有「宛如石頭的果實」之意，palungensis 則是取自於本種分布地婆羅洲（印尼西加里曼丹省）的巴隆山（Gunung Palung）。2000 年被記載為新種。殼斗厚，表面的鱗片為長而彎曲的尖刺狀。橡實呈陀螺型。常綠樹。

分布：婆羅洲特有種。

×1.0　　葉背　　　　　　　　　　　葉面

一個果序結有 3 顆果實。

×1.0

馬來西亞　砂拉越州

被覆銀色的鱗毛。

脈上有粗毛。

幼嫩的葉片。

果皮

果臍

殼斗

適合巨大橡實生長的巨木。

後大埔石櫟 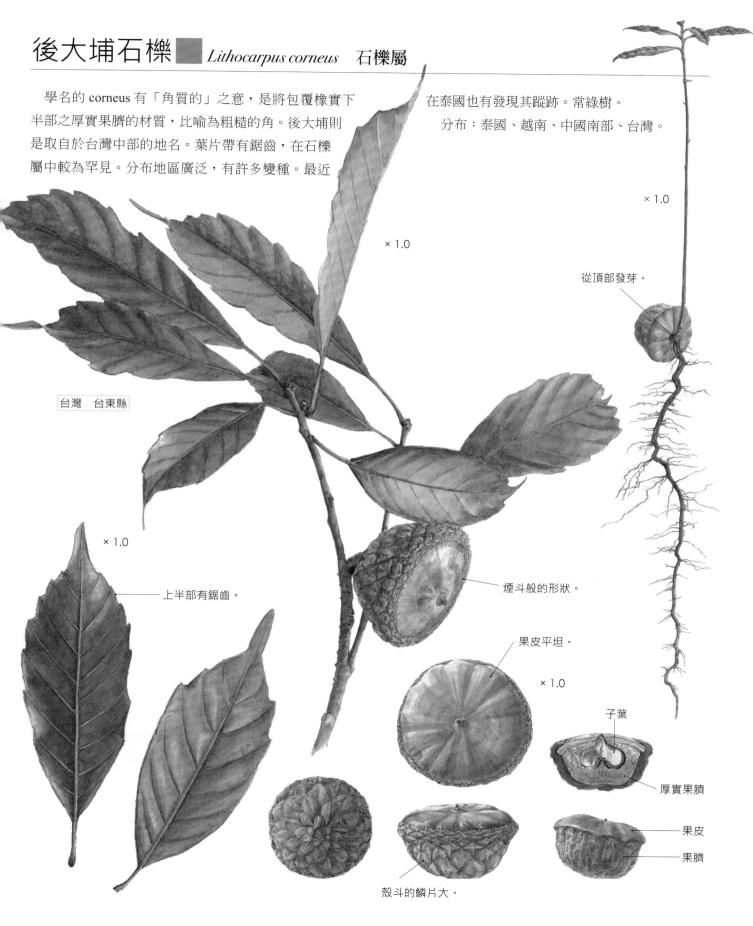 *Lithocarpus corneus* 石櫟屬

　　學名的 corneus 有「角質的」之意，是將包覆橡實下半部之厚實果臍的材質，比喻為粗糙的角。後大埔則是取自於台灣中部的地名。葉片帶有鋸齒，在石櫟屬中較為罕見。分布地區廣泛，有許多變種。最近

在泰國也有發現其蹤跡。常綠樹。

　　分布：泰國、越南、中國南部、台灣。

× 1.0

× 1.0

從頂部發芽。

台灣　台東縣

× 1.0

上半部有鋸齒。

煙斗般的形狀。

果皮平坦。

× 1.0

子葉

厚實果臍

果皮

果臍

殼斗的鱗片大。

陀螺石櫟  *Lithocarpus turbinatus* 石櫟屬

學名的 turbinatus 有「宛如西方陀螺」之意，取自於
橡實的形狀。世界最大的橡實之一。橢圓形，表面
的絕大部分被果臍包覆，與一般橡實給人的印象
相去甚遠。果臍占了橡實的大部分，因此內含
的種子較小。常綠樹。

分布：婆羅洲特有種。

× 1.0

尖頭狀的葉尖。

葉片厚，用力拉平會發
出啪的聲音然後裂開。
葉背密生黃褐色的星狀
毛。

枝條粗。

× 1.0

馬來西亞　沙巴州

表面的絕大部分被果臍包覆。

果皮

頂部殘留圓形的果皮。

果臍的表面凹凸不平。

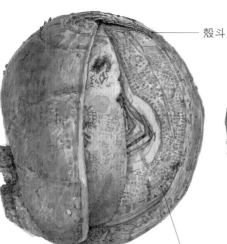

殼斗

果臍相當厚。

果實堅硬無法用刀子切開。用線鋸切開，
可見果臍看似強力黏合的木屑。

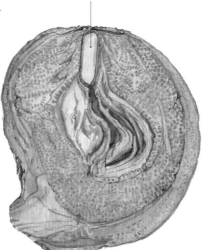

胚（成長中的種子）

3 顆果實一起成長的橡實。

殼斗有輪狀或螺旋狀的紋路。

枝條前端結有許多果實。這些橡實看
起來就像揮向天空的拳頭。

Lithocarpus hallieri 石櫟屬

學名的 hallieri 取自於德國植物學家約翰尼斯·加特弗萊德·哈利爾（Johannes Gottfried Hallier）的名字。殼斗與果實的形狀與陀螺石櫟（p.16）相似，不過本種較為小型。樹下撿拾的橡實，大多是齧齒動物啃食後的空殼。常綠樹。

分布：婆羅洲特有種。

馬來西亞　砂拉越州

× 1.0

果皮

果臍厚。　　子葉

葉子為大片的長圓形，無毛。

殼斗稍薄。

× 1.0

樹下撿拾的橡實。有洞或裂成兩半的
都是老鼠等動物的傑作。

結有許多果實的枝條,因其重量而下垂。

鬼石櫟 *Lithocarpus lepidocarpus* 石櫟屬

學名的 lepidocarpus 為「有鱗片的果實」之意。殼斗不僅像盔甲，也看似釋迦摩尼佛的頭。果臍大而圓的橡實也饒富特徵。原住民會食用此橡實。此外，因其為優良的建材，故植林繁茂。有紀錄表示，本種的橡實曾漂流到日本德島縣的海岸上。

分布：台灣特有種。

台灣　南投縣

× 0.7

一根莖幹上結有多顆碩大的果實，厚實飽滿極具魄力。

鬼石櫟是優良的建材，因而被廣泛種植。

× 0.9

殼斗

果實

× 0.9

雌花簇生在一起。

雌花序

果皮

果臍

子葉

× 0.9

發芽的葉片，初期會全部往下垂。

× 0.9

葉面

被覆銀白色的鱗毛。

葉背

根地咬石櫟 ■ *Lithocarpus keningauensis* 石櫟屬

　　學名的 keningauensis，是取自於本種分布地馬來西亞沙巴州的根地咬（Keningau）。殼斗呈海綿狀且輕，狀似香菇相當奇特。螺旋狀的紋理彷彿圍繞著殼斗運行。

掉落地面後會變黑，是因為單寧酸化所致。常綠樹。
　　分布：婆羅洲特有種。

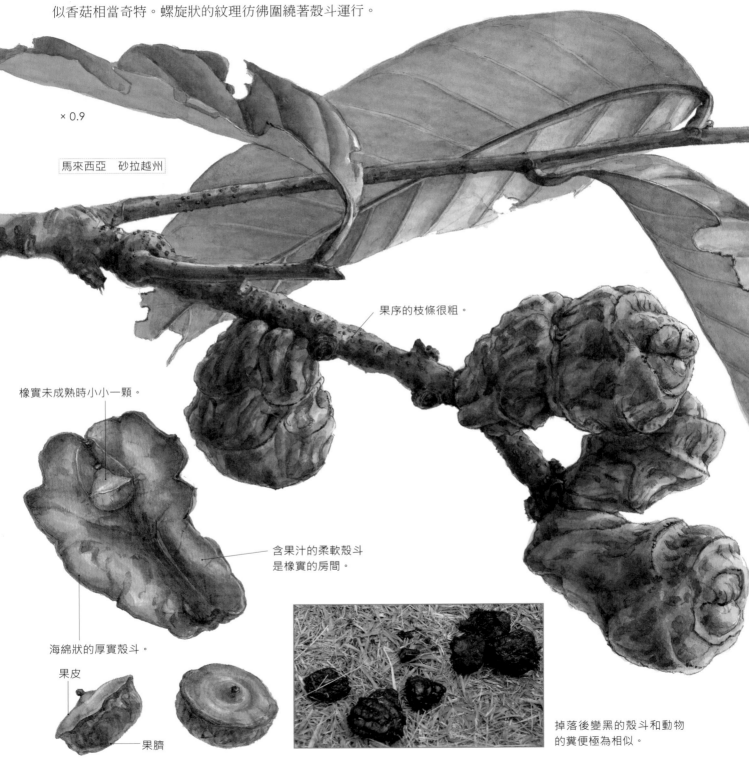

× 0.9

馬來西亞　砂拉越州

果序的枝條很粗。

橡實未成熟時小小一顆。

含果汁的柔軟殼斗
是橡實的房間。

海綿狀的厚實殼斗。

果皮

果臍

掉落後變黑的殼斗和動物
的糞便極為相似。

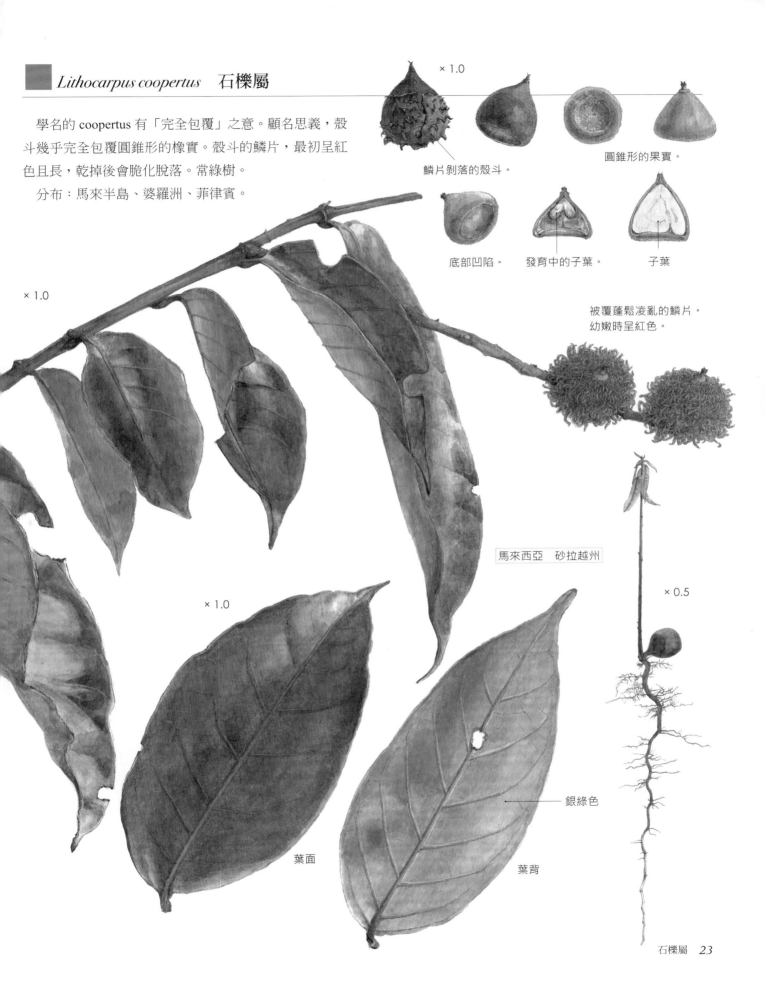

Lithocarpus coopertus　石櫟屬

　　學名的 coopertus 有「完全包覆」之意。顧名思義，殼斗幾乎完全包覆圓錐形的橡實。殼斗的鱗片，最初呈紅色且長，乾掉後會脆化脫落。常綠樹。

　　分布：馬來半島、婆羅洲、菲律賓。

× 1.0

鱗片剝落的殼斗。

圓錐形的果實。

底部凹陷。　　發育中的子葉。　　子葉

× 1.0

被覆蓬鬆凌亂的鱗片。
幼嫩時呈紅色。

馬來西亞　砂拉越州

× 1.0

× 0.5

葉面

葉背

銀綠色

封果柯  *Lithocarpus encleisacarpus*　石櫟屬

學名的 encleisacarpus 有「被包住的果實」之意。顧名思義，通常果實幾乎被薄薄的殼斗完全包住，果實長大後才從殼斗脫落。果實被覆白金般的銀白色絹毛，閃亮耀眼。常綠樹。

分布：泰國、馬來半島、蘇門答臘、婆羅洲。

閃亮耀眼的白金色果實。

× 1.0

殼斗帶有短柄。

粒粒分明的果實。

馬來西亞　砂拉越州

果臍凹陷。

× 1.0

被覆著反射光線的絹絲般細毛。

殼斗薄。

皺果柯 *Lithocarpus confragosus* 石櫟屬

學名的 confragosus 有「皺」的意思，用來表示殼斗表
面的模樣。橡實平整，表面被覆白色絹毛。常綠樹。

分布：馬來半島、蘇門答臘、婆羅洲。

× 1.0

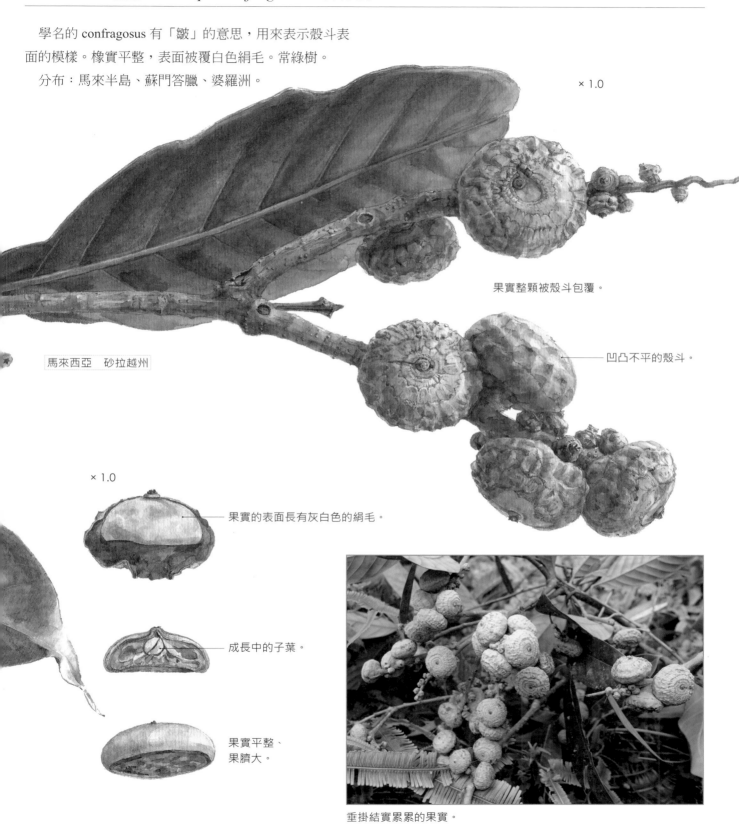

果實整顆被殼斗包覆。

馬來西亞 砂拉越州

凹凸不平的殼斗。

× 1.0

果實的表面長有灰白色的絹毛。

成長中的子葉。

果實平整、
果臍大。

垂掛結實累累的果實。

小西氏石櫟 ■ *Lithocarpus konishii* 石櫟屬

　　學名的 konishii，是取自到台灣山地探險，並且發現、採集許多植物的日本森林技師小西成章（Konishi Nariaki）。葉片小且帶有鋸齒，乍看不像石櫟屬的葉子。葉片表面帶有油光般的亮澤，又名油葉石櫟。常綠樹。

　　分布：台灣、中國（海南島）。

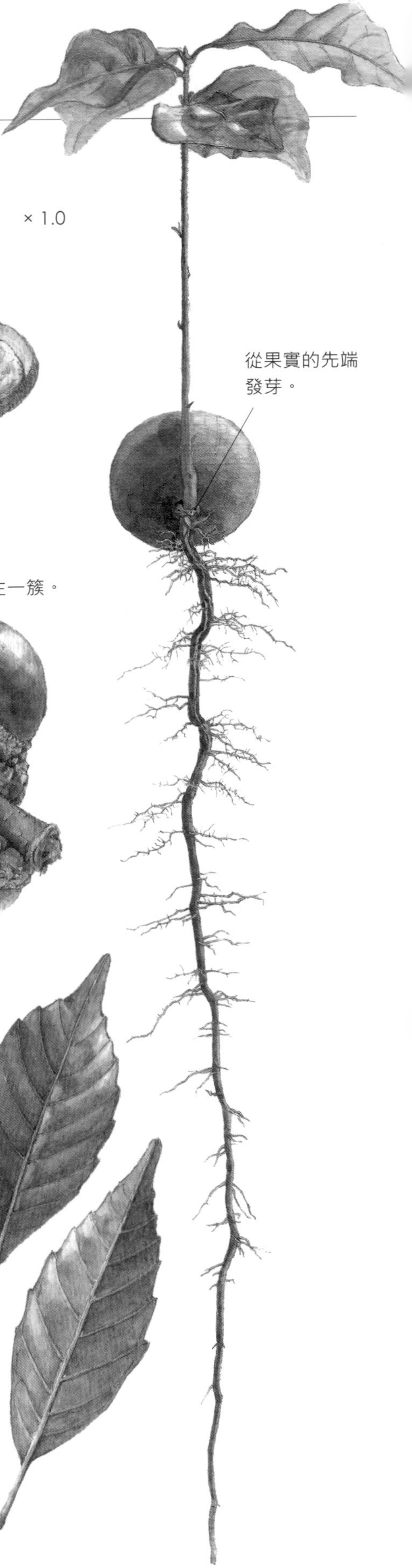

× 1.0

從果實的先端發芽。

× 1.0

× 1.0

果臍突出。

果實合生一簇。

× 1.0

× 1.0

葉片分散生長在枝條上。

台灣　南投縣

雅致柯（粗穗柯）　■　*Lithocarpus elegans*　石櫟屬

　　學名的 elegans 有「優雅的」之意，取自於果實和殼斗勻稱的形狀。果實如同葡萄般結成細長一串，不會從殼斗脫離，而是整顆掉落。是石櫟屬中分布最廣的一種，具有各式各樣的變種。常綠樹。

　　分布：喜馬拉雅山東部到中國、中南半島、馬來半島、蘇門答臘、婆羅洲、爪哇島、蘇拉威西島。

× 1.0

葉片細長，兩面都沒有毛。

一根莖幹上結有許多的果實。

在泰國發現的果實，在本種中屬於比較小型的。

泰國　清邁

子葉

果臍凹陷。　殼斗

印度　錫金

葉背

葉面

耳基葉石櫟 ■ *Lithocarpus auriculatus* 石櫟屬

學名的 auriculatus 有「耳狀的」之意，取自於葉片基部的形狀。長度可達 40cm 的巨大葉片，以及碩大的果序是其特徵，被認為是雅致柯（p.27）的近緣。本種也是，橡實會連同殼斗整個掉落，魄力十足。大多沿著水道生長。常綠樹。

分布：喜馬拉雅山東部到中國（雲南省）、泰國、中南半島。

審訂註 經查找資料，中國沒有分佈。

× 1.0

× 1.0

果實平整。

先端稍微凹陷。

泰國　清邁

成串的碩大果序。

樹姿雄偉，葉片及果實都大，經常都是沿著水道生長。

港石櫟 ■ *Lithocarpus harlandii* 石櫟屬

學名的 harlandii，是取自曾調查香港等中國東南部植物的英國醫生，同時也是一名植物學家的威廉·奧利斯·夏蘭醫生（William Aurelius Harland）。從小殼斗外露成長的球形果實饒富特徵。常綠樹。

分布：中國東南部、台灣。

先端短而尖。

× 1.0

台灣　台東縣

先端偏向其中一邊伸長。

傾斜的樹是本種。不會長得太高。

莖上有溝。

枝條粗。

審訂註

台灣沒有港石櫟 (*L.harlandii*) 分布，經比對德永女士來台東縣的部落格文章 https://kigasuki.exblog.jp/29930717，原始拍攝的樣本地理位置與枝條照片，本頁所繪的圖片應是短尾葉石櫟 (*L. brevicaudatus*)。

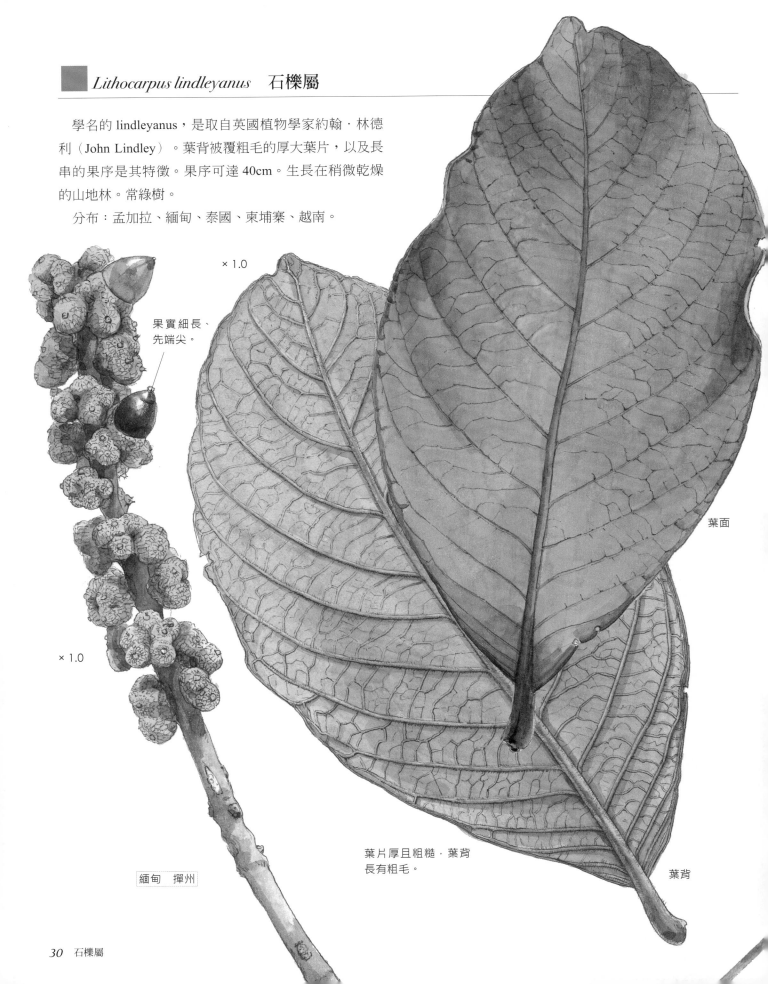

Lithocarpus lindleyanus 石櫟屬

學名的 lindleyanus，是取自英國植物學家約翰·林德利（John Lindley）。葉背被覆粗毛的厚大葉片，以及長串的果序是其特徵。果序可達 40cm。生長在稍微乾燥的山地林。常綠樹。

分布：孟加拉、緬甸、泰國、柬埔寨、越南。

× 1.0

果實細長、
先端尖。

× 1.0

葉面

緬甸　撣州

葉片厚且粗糙，葉背
長有粗毛。

葉背

短尾葉石櫟  *Lithocarpus brevicaudatus*　石櫟屬

學名的 brevicaudatus 有「短尾狀的」之意。葉片先端
延伸出短短的尖頭是其特徵，因此命名為短尾葉石櫟。
葉片的葉柄長，與赤樫（p.62）相似。接近半球形的橡
實是其特徵。常綠樹。

分布：中國南部（長江
以南）、台灣。

鱗片葉

× 1.0

× 1.0

× 1.0

葉面

葉背

嫩枝帶有深溝。斷面
為星形。

× 1.0

果臍凹陷。

台灣　南投縣

薩摩柯（馬刀葉椎、日本石柯）  *Lithocarpus edulis* 石櫟屬

　　學名的 edulis 有「可食用」之意。橡實的果皮厚實堅
硬，裡面（子葉）單寧少容易入口。因樹型像倒放的掃
帚，故會從根部砍下後立在淺海中，藉其擴展的枝條來
採集海苔。另外，木材會用作薪炭。常綠樹。

　　分布：日本特有種。原生地雖被認為是九州和琉球群
島，但自古以來，被廣泛種植於本州、四國的暖溫帶，
因此原本的分布地區已不可考。

× 1.0

× 1.0

× 1.0

果實呈砲彈形。

× 1.0

果臍凹陷。

日本　東京都

× 1.0

葉面

葉背

× 0.8

葉片厚，葉背呈
灰白色。

雄花序　× 0.5

經常被採伐後栽種為單幹直立型。

子彈石櫟 Lithocarpus glabra 石櫟屬

　　學名的 glabra 有「無毛的」之意。日本名稱為尻深樫，是因為橡實的底部深深凹陷。成熟的橡實呈紅紫色。日本產的殼斗科相當珍貴，花在初秋綻放。橡實在隔年秋天結果，可見花與橡實同時結在枝條上。大多生長於花崗岩質的山脊、岩壁、陡坡等稍微乾燥的地方。常綠樹。

　　分布：日本（近畿以西）、台灣、中國中南部。

果序

可在相同時期看見花與果實。

雄花序

雌花序

有短鋸齒。

× 1.0

葉面

葉背

× 1.0

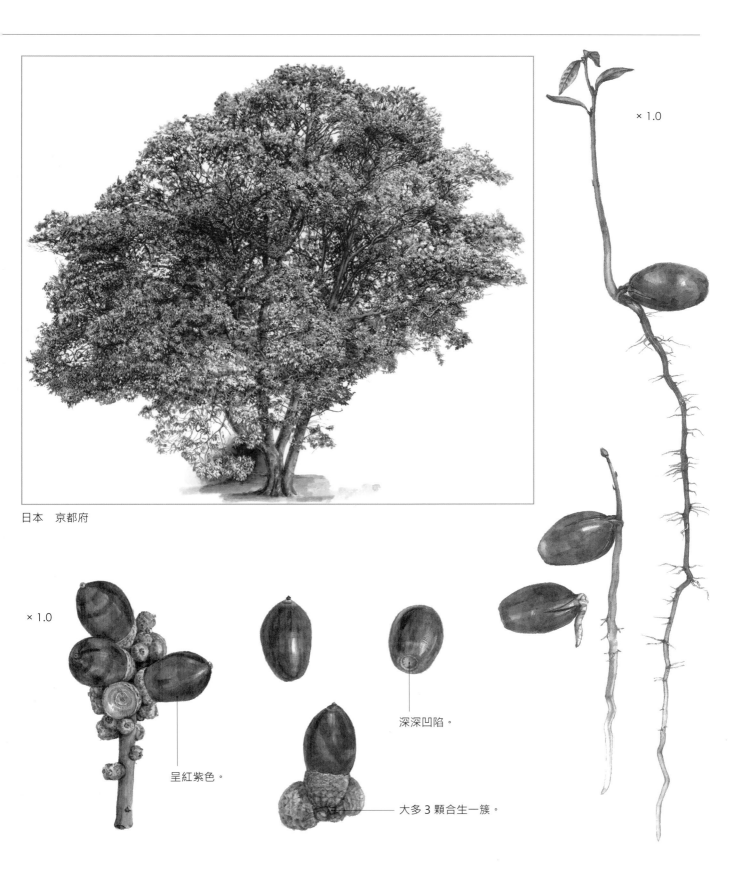

× 1.0

日本　京都府

× 1.0

呈紅紫色。

深深凹陷。

大多 3 顆合生一簇。

台東石櫟 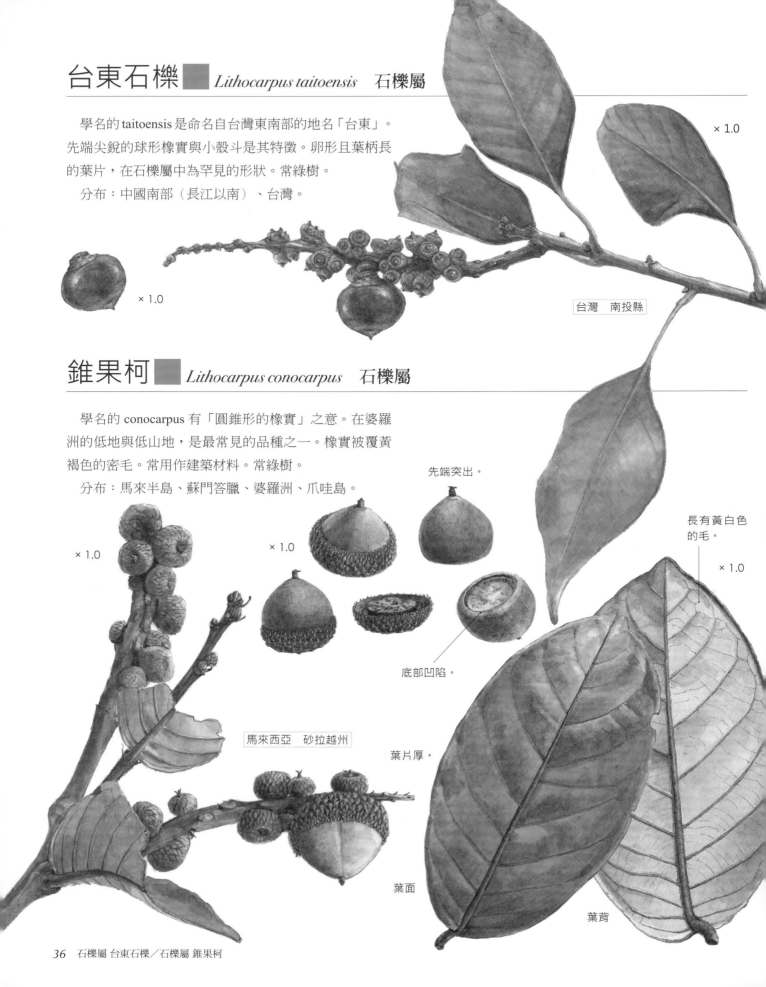 *Lithocarpus taitoensis* 石櫟屬

學名的 taitoensis 是命名自台灣東南部的地名「台東」。
先端尖銳的球形橡實與小殼斗是其特徵。卵形且葉柄長
的葉片，在石櫟屬中為罕見的形狀。常綠樹。

分布：中國南部（長江以南）、台灣。

× 1.0

× 1.0

台灣　南投縣

錐果柯 *Lithocarpus conocarpus* 石櫟屬

學名的 conocarpus 有「圓錐形的橡實」之意。在婆羅
洲的低地與低山地，是最常見的品種之一。橡實被覆黃
褐色的密毛。常用作建築材料。常綠樹。

分布：馬來半島、蘇門答臘、婆羅洲、爪哇島。

先端突出。

長有黃白色
的毛。

× 1.0

× 1.0

× 1.0

底部凹陷。

馬來西亞　砂拉越州

葉片厚。

葉面

葉背

Lithocarpus havilandii 石櫟屬

雌花序

×1.0

表面呈深綠色。

學名的 havilandii，是取自一名醫務官，同時也是婆羅洲植物與昆蟲採集家的喬治・達比・哈維蘭（George Darby Haviland）。枝條與葉背被覆紅褐色的毛。婆羅洲島北部的京那巴魯山（4095m）的半山腰有許多本種，花朵與新葉綻放時，整個區域彷彿染上一片金棕色。常綠樹。

分布：婆羅洲、蘇拉威西島。

淺凹陷。

×1.0

果實小型且先端尖銳。

葉面

葉背

×1.0

馬來西亞　沙巴州

同時結有花與嫩果實的枝條。熱帶的橡實，大多可在相同時期看見花與果實。

厚葉柯 ■ *Lithocarpus pachyphyllus* 石櫟屬

學名的 pachyphyllus 有「厚葉的」之意。葉片呈現看似黑色的深綠色。厚實的殼包覆果實，成長後果實的上半部會外露。會長成大樹。常綠樹。

分布：尼泊爾到中國西南部、緬甸。

殼斗

× 1.0

果臍凸起。

印度錫金邊界附近的寺院。

被稱為「橡樹夫人」的植物學家—艾美・卡繆

替下一頁 *Lithocarpus trachycarpus* 命名為新種的人，正是艾美・卡繆（A.A. Camus）。

當我翻閱圖鑑時，得知這個經常看到的名字的 A 是 Aimée，是一位中間名為 Antoinette 的女性。深入調查這位女性植物畫家的時代背景，得知其 1879 年在巴黎出生，1965 年在巴黎過世。

卡繆的雙親皆出身上流社會，家境富裕。父親古斯塔夫（Gustave）當時經營擁有藥草園的藥局，同時也是享負盛名的植物學博士。艾美從小就隨著父親到藥草園，接受植物知識的薰陶。在那個時代，女性很難受高等教育，艾美中學畢業後，

繼續跟隨父親學習正統的植物學，亦會陪同父親一起出席學會。艾美小 5 歲的妹妹布蘭奇（Blanche），

妹妹布蘭奇替姊姊艾美・卡繆畫的肖像。

擁有相當傑出的繪畫才能，兩人之後共同出版了植物學的書籍。

艾美先是與父親於 1905 年合著《歐洲柳樹的分類》與《法國的柳樹》等書，1908 年則與 P. Bergon 合著《歐洲、北非、小亞細亞裏海一帶的蘭花》等書，並提出了將竹、柏、棕櫚、草本類等眾多植物加以分類，同時搭配插畫繪製的論文。接著於 1929 年，出版了包含詳細記述與 109 張植物畫的栗屬與苦櫧屬的論文，1936 年到 1954 年間出版了《*Les Chênes*》共 3 冊。Chênes 即橡樹的意思。所有插畫都是與妹妹布蘭奇共同繪製。上述 4 冊共記載了 823 種殼斗科植物（栗屬 12 種、苦櫧屬 102 種、石櫟屬 279 種、櫟

糙果柯  *Lithocarpus trachycarpus*　石櫟屬

學名的 trachycarpus 有「粗糙的果實」之意，藉此表示殼斗表面的形狀。帶光澤的橡實是其特徵。常綠樹。

分布：中國（雲南省）、泰國、寮國、越南。

× 0.85

葉片細長且側脈多。

越南　林同省

尚未成熟的子葉。

殼斗

× 1.0

果實成熟會變栗色。

屬 430 種），型態與地理分布也詳細記載，分量相當厚實。

《*Les Chênes*》得以完成，除了編輯 Paul Lechevalier，有賴多位協力者，包括英國、美國、德國、奧地利、中國等地的植物學家、國立自然史博物館特派員兼植物收集家尤金·普瓦蘭（Eugène Poilane，p.82）等不計其數。這本書，簡直就像是一座卡繆的紀念碑，從執筆開始到最終卷的完成，總共耗費了 40 年的歲月。

這段期間，也有針對當時隸屬法國領土的中南半島，以及 90% 為特有種的馬達加斯加島的多數植物加以分類、記述。生涯中撰寫過數百則記事與 10 篇論文，多次獲得法國植物協會的名譽獎，也曾獲頒法國最高榮譽「國家榮譽軍團騎士勳章」。

艾美幾乎終其一生奔走遙遠的海外。除了與妹妹布蘭奇專程前往庇里牛斯山研究蘭花之外，也曾到過土耳其、瑞士、西班牙等地採集植物。她與海外的研究者主要透過書信往來，據說累積了龐大的書信量。艾美終生未婚，與布蘭琪一同在巴黎國立自然史博物館的一室，直到 1963 年幾乎無法行走為止，持續不斷進行植物分類、顯微鏡觀察、繪畫、研究。期間，從未領過任何的贊助或薪水。

據說位於中國雲南省西雙版納傣族自治州的中國科學院的植物園內，共有 48 種殼斗科植物的名牌上標示著命名者為卡繆。本書中也刊載許多卡繆記述的種類。卡繆的分類仍持續活著，並被流傳活用。《*Les Chênes*》直到現在，仍是殼斗科植物相關的最佳聖經。（德永／撰）

泥柯 ■ *Lithocarpus fenestratus* 石櫟屬

學名 fenestratus 有「窗戶打開了」之意，取自於殼斗上部整顆外露的果實。常綠樹。

分布：喜馬拉雅山東部到中國西南部、緬甸、泰國、寮國、越南。

× 0.9

殼斗薄，表面有小小突起狀的鱗片。

泰國　清邁

果序長。

葉面

葉背

× 1.0

果實呈球形。

葉片細長且側脈多。

埃韋克柯 ![] *Lithocarpus ewyckii* 石櫟屬

學名的 ewyckii，是命名自 19 世紀前半的荷蘭官員，對教育與文化振興有所貢獻，同時致力於殖民地經營的丹尼爾・雅各布・范・埃韋克（Daniël Jacob van Ewijck）。適生範圍廣泛的高木。常綠樹。

分布：馬來半島、蘇門答臘、婆羅洲。

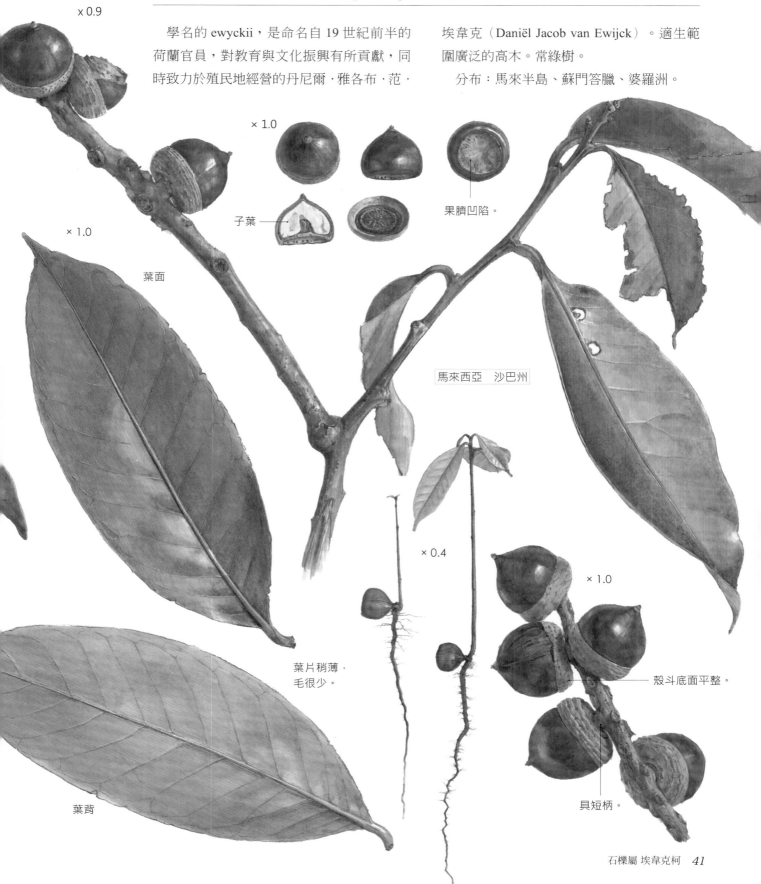

× 0.9

× 1.0

子葉

果臍凹陷。

× 1.0

葉面

馬來西亞　沙巴州

× 0.4

葉片稍薄，毛很少。

× 1.0

殼斗底面平整。

具短柄。

葉背

細刺柯 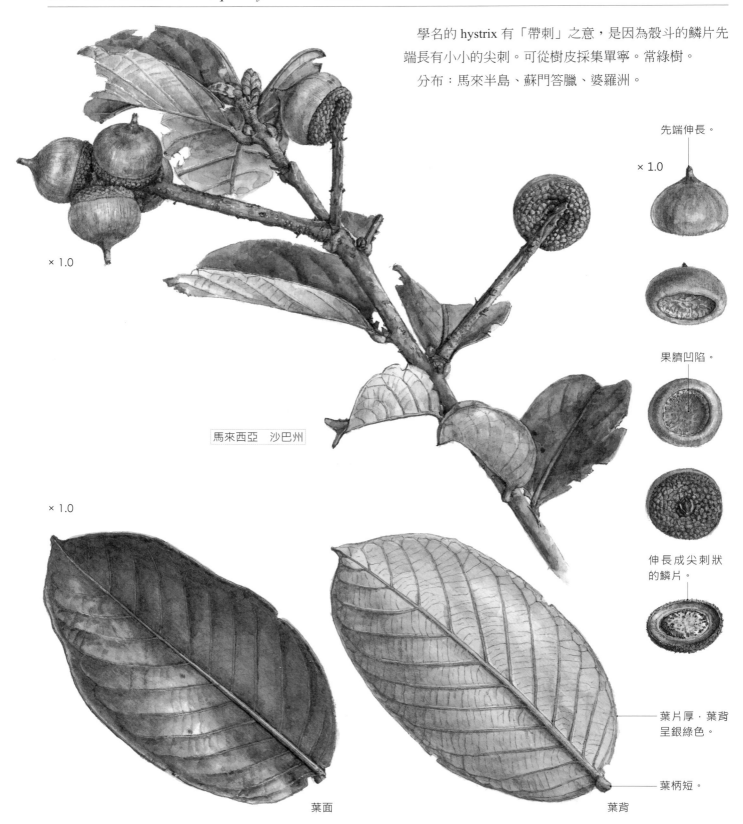 *Lithocarpus hystrix* 石櫟屬

學名的 hystrix 有「帶刺」之意，是因為殼斗的鱗片先
端長有小小的尖刺。可從樹皮採集單寧。常綠樹。

分布：馬來半島、蘇門答臘、婆羅洲。

先端伸長。

× 1.0

× 1.0

馬來西亞　沙巴州

果臍凹陷。

伸長成尖刺狀
的鱗片。

× 1.0

葉片厚，葉背
呈銀綠色。

葉柄短。

葉面　　　　　　　　　　　　　葉背

橡實與照葉樹林

　　試問各位，若想就近撿拾橡實，會去哪裡呢？有人會想到公園或雜木林，也有不少人會去鄰近神社的森林。日本關東以西的神社森林，通常是常綠闊葉樹繁茂蒼鬱的森林，被稱為照葉樹林。常見殼斗科的苦櫧與櫟、樟科的樟樹與紅楠等樹種。神社的森林，對日本人而言是原始風景之一。

　　照葉樹林這個詞之所以在日本被廣泛使用，極有可能是因為栽培植物學家中尾佐助提倡的「照葉樹林文化論」。這種類型的森林，從日本經過中國南部綿延至喜馬拉雅山，當地居民的傳統文化與生活也顯現出高度的共通性，我們稱之為「照葉樹林文化」。

　　中尾先生於昭和 33 年（西元 1958 年），利用步行與馬匹，隻身前往當時對外國人入境有嚴格限制的不丹王國，並在他的著作《秘境不丹》一書中，寫下了對「發現照葉森林」的感動：「要徹底掌握森林的樹種相當困難。但是我耗費數個小時甚至是數天，差不多四天左右，總算是越看越明白了。大部分的樹木是常綠性的櫟樹。（中略）是啊！這完全就是與日本親緣關係密切的森林啊！植物的種類也是，完全相通。（中略）我在南不丹無邊無際的照葉樹林中前進，追尋心中數千年前的日本光景。」

　　正如中尾注意到的，從日本到中國南部、中南半島、喜馬拉雅山的山岳地帶，樹木種類與森林外觀極為相似的常綠闊葉樹林綿延不絕地延續著。樹木的葉片略小，表面帶有耀眼光澤是其特徵。現在，這類森林的廣布區域只有東亞的暖溫帶與亞熱帶地區。以前，北美和歐洲也被認為有類似的森林，但是新第三紀以後，隨著地球氣候的寒冷化與乾燥而消失殆盡。之所以僅存於東亞，就地球的歷史來看，是因為未被大規模的冰床覆蓋，溫暖濕潤的氣候得以持續的緣故。

　　身為照葉樹林主角的殼斗科苦櫧屬、石櫟屬、櫟屬青剛櫟組的樹木，全世界也僅在東亞可見，並且分化成各式各樣的種類。此外，在照葉樹林帶內，也發現許多被稱為活化石的銀杏、水杉等自古存活至今的遺存針葉樹。日本人熟悉的柳杉，綜觀世界來看，也屬於這類遺存種之一。昆蟲與動物亦是如此。照葉樹林，能夠傳達地球植物相的漫長歷史，同時也是保全生物多樣性的重要森林。（原 正利／撰）

日本宮崎縣尾鈴山附近的照葉樹林。豐厚的樹冠被認為是櫟樹類。

不丹的照葉樹林。攝影當時（1989 年），中尾佐助所見的蒼翠櫟樹森林分布廣泛。時至今日也幾乎沒什麼改變。只不過，因為林內放牧盛行，森林的下層植生，大多與原本的姿態有極大差異。

日本栗 ■ *Castanea crenata*　栗屬

　　學名的 Castanea，是源自於栗的產地希臘的古都 Casthanea，crenata 則有「圓鋸齒」之意。提到栗，或許會先想到可食用的果實，但是其木材也很實用，堅硬強韌具耐久性，經常用作建築或土木材料，其中尤以巨大栗樹建造而成的三內丸山遺跡最為知名。日本的山野曾有許多高大的栗樹，可惜明治時代以後，為了用於鋪設鐵路的枕木而幾乎砍伐殆盡。落葉樹。

　　分布：日本（九州到北海道南部）與朝鮮半島中南部。

× 1.0

日本　長野縣

雄花序

雌花序

× 0.65

果皮先端有煙囪般的細長突起，先端留有枯萎的雌花柱頭。

× 1.0

× 1.0

一個殼斗內有 3 顆果實。

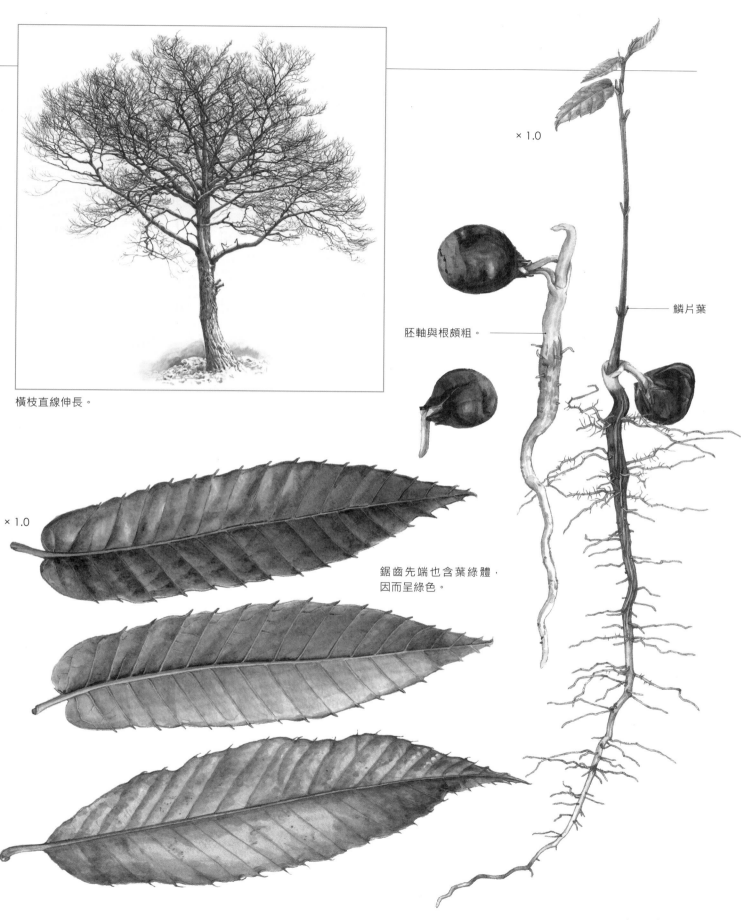

横枝直線伸長。

× 1.0

胚軸與根頗粗。

鱗片葉

鋸齒先端也含葉綠體，
因而呈綠色。

× 1.0

米櫧  *Castanopsis sieboldii*　苦櫧屬

　　學名的 sieboldii，是取自日本鎖國時期旅居日本調查
自然的德國醫師兼博物學家菲利普·弗蘭茲·范·西博
爾德（Philipp Franz Balthasar von Siebold）。苦櫧屬是
栗屬的近緣，學名的 Castanopsis 有「與栗相似」之意。
不過，實際上也有和本種一樣殼斗無刺的種。殼斗內的
果實為一顆。常綠樹。

　　分布：日本（先島諸島到宮城縣南部）與韓國（濟州
島）。

× 1.0

× 1.0

第一年的果序。

第二年的果序。

葉面

成熟後殼斗會裂開。

葉背

歪斜的圓錐形。

× 1.0

日本　東京都

雌花序

× 1.0

鱗片葉

根比露出地面的植株還長。

雄花序

× 1.0

枝幹粗壯結實。

円椎 *Castanopsis cuspidata* 苦櫧屬

　學名的 cuspidata 有「突形的」之意，取自於殼斗被覆
之鱗片先端的形狀。比米櫧（p.46）更能適應略為乾燥的
地區。殼斗與米櫧相似，裡面有一顆圓形的果實，不過
果實比米櫧小。與米櫧一樣橡實可食用，不過因為較小，
所以似乎還是米櫧比較有魅力。常綠樹。

　分布：日本（屋久島到伊豆半島西部）與韓國（濟州
島）。

× 1.0

日本　京都府

開展中的新葉。

雌花序

× 1.0

雄花序

第二年的雌花序。

× 1.0

殼斗的鱗片有非
常小的突起。

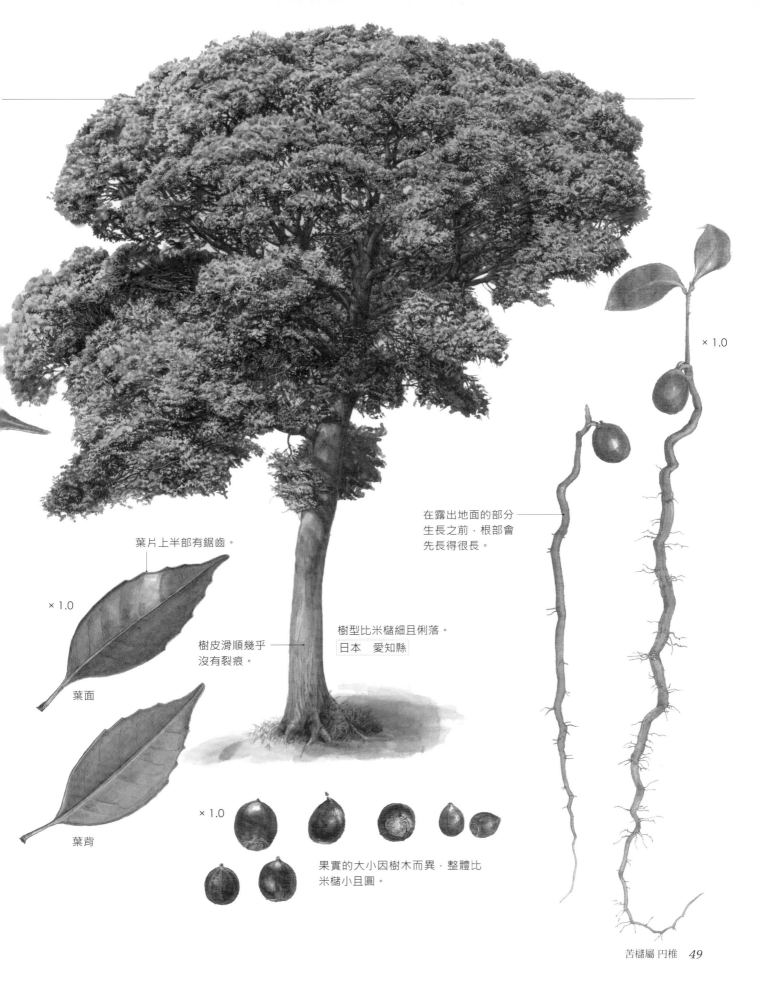

× 1.0

葉片上半部有鋸齒。

在露出地面的部分
生長之前，根部會
先長得很長。

× 1.0

樹型比米櫧細且俐落。

日本　愛知縣

樹皮滑順幾乎
沒有裂痕。

葉面

× 1.0

果實的大小因樹木而異，整體比
米櫧小且圓。

葉背

長尾栲 ■ *Castanopsis carlesii* 苦櫧屬

學名的 carlesii，是取自於曾進行植物採集的英國外交官威廉·理查·卡萊斯（William Richard Carles）。殼斗內的果實為一顆。台灣最普遍的一種苦櫧屬，是森林的優勢樹種。與日本的円椎（p.48）是近緣。常綠樹。

分布：中國南部（長江以南）、台灣、越南。

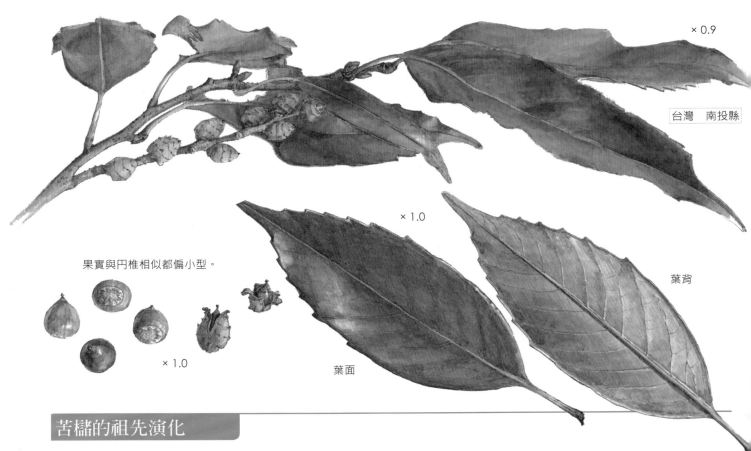

× 0.9

台灣　南投縣

果實與円椎相似都偏小型。

× 1.0

葉背

× 1.0

葉面

苦櫧的祖先演化

在中國，可看到與韓國（濟州島）、台灣、日本相似的苦櫧家族。円椎、長尾栲、米櫧、沖繩栲（*Castanopsis sieboldii* subsp. *lutchuensis*）、*Castanopsis longicaudata* (Hayata) Nakai 的葉片形狀、殼斗模樣、橡實形狀各有差異，但極其相似。

遠古誕生的苦櫧祖先，從中國向東推進，順應陸地毗連的台灣與韓國等地氣候與風土而變化，然後來到了日本。再往前的東邊已是太平洋，因而停止擴展。所幸歷經的路途氣候相對穩定，且未遭逢任何威脅性要素，僅需稍微改變形態即可存活。

另一方面，南方熱帶的苦櫧祖先則面臨了許多敵人。原因在於殼斗內的重要果實無毒，且富含營養相當美味，促使許多外在威脅前來啃食。橡實為了自保、繁衍子孫，必須進行各式各樣的變身。有的是殼斗長出大量尖刺，有的是外部果皮變厚形同盔甲，有的則是果臍組織變得跟內壁一樣堅硬厚實。當然敵人亦會想方設法去突破，這場攻防戰是永無止盡的。

苦櫧的祖先被認為是從水青岡或三棱櫟這類植物進化來的。橡實一開始小而無毒，殼斗和果皮也僅僅只是包住果實而已。如果是這樣的話，円椎及其近緣的 *Castanopsis longicaudata* (Hayata) Nakai、長尾栲等，與苦櫧祖先的形態豈不是很接近嗎？（德永／撰）

烏來柯 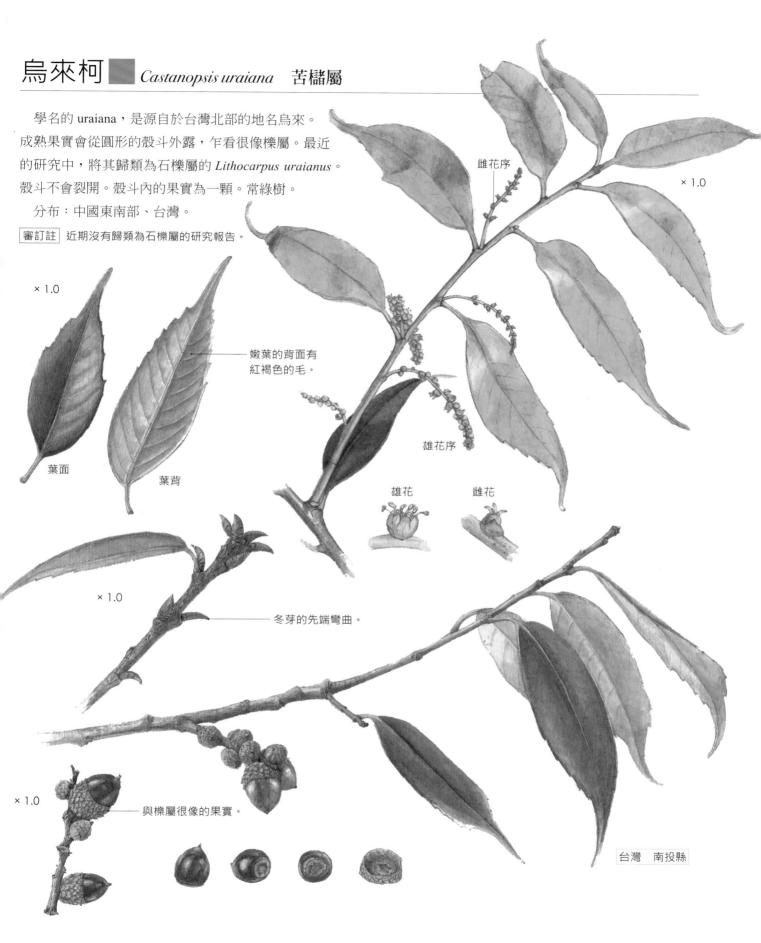 *Castanopsis uraiana* 苦櫧屬

學名的 uraiana，是源自於台灣北部的地名烏來。
成熟果實會從圓形的殼斗外露，乍看很像櫟屬。最近
的研究中，將其歸類為石櫟屬的 *Lithocarpus uraianus*。
殼斗不會裂開。殼斗內的果實為一顆。常綠樹。

分布：中國東南部、台灣。

審訂註 近期沒有歸類為石櫟屬的研究報告。

雌花序

× 1.0

× 1.0

嫩葉的背面有
紅褐色的毛。

葉面

葉背

雄花序

雄花　　　雌花

× 1.0

冬芽的先端彎曲。

× 1.0

與櫟屬很像的果實。

台灣　南投縣

× 1.0

疏刺苦櫧 ▰ *Castanopsis paucispina*　苦櫧屬

學名的 paucispina 有「刺少」之意。結有巨大的殼斗與果實。果實跟陀螺石櫟（p.16）一樣，表面的大部分被果臍包覆，這是為了讓齧齒類等動物難以啃食的進化結果。殼斗內的果實為一顆。常綠樹。

分布：婆羅洲特有種。

馬來西亞　砂拉越州

短而粗硬的刺呈條狀排列。

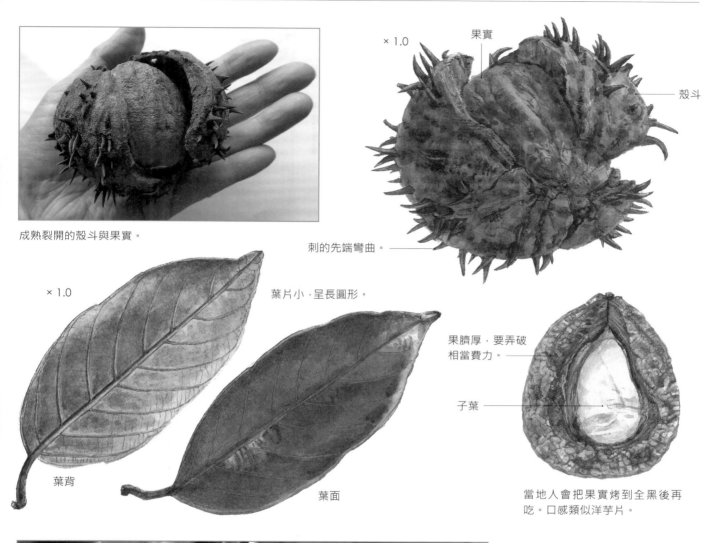

成熟裂開的殼斗與果實。

× 1.0

果實

殼斗

刺的先端彎曲。

× 1.0

葉片小，呈長圓形。

葉背

葉面

果臍厚，要弄破
相當費力。

子葉

當地人會把果實烤到全黑後再
吃。口感類似洋芋片。

在樹上裂開的殼斗。殼斗在樹上裂開，果實從中掉落的情況居多，
不過有的也會整顆殼斗掉落地面。

殘留小果皮。

果實表面被覆著皺皺的果臍。

梨果錐 ![] *Castanopsis piriformis* 苦櫧屬

學名的 piriformis 有「梨子般的形狀」之意。薄薄的殼斗內包覆著一顆果實。果實的表面，除了先端部分以外大多為果臍。果實可食用，加上大顆且產量多，有望成為栽培種。常綠樹。

分布：泰國、寮國、柬埔寨、越南。

× 1.1

越南　林同省

包覆在歪斜的薄殼斗內。

× 1.0

帶有光澤。

× 1.0

銀褐色

先端殘留些許果皮。

葉面

葉背

鹿角錐  *Castanopsis lamontii* 苦櫧屬

學名的 lamontii，是取自植物採集家約翰・拉蒙
（John Lamont）的名字。約翰・拉蒙是 19 世紀，
透過香港造船業累積大筆財富的實業家。中文名稱
為鹿角錐，是因為殼斗的分枝尖刺形狀近似鹿角。
殼斗內的果實通常有 2 ～ 3 顆。畫中的植物，雖然
暫時被認定為本種，不過仍有待商榷。常綠樹。

分布：中國南部、越南。

× 1.0

× 1.0

殼斗

越南　林同省

× 1.0

葉面

葉背

印度苦櫧 *Castanopsis indica* 苦櫧屬

學名的 indica 有「印度的苦櫧」之意。普遍分布於東亞的亞熱帶地區。殼斗被長刺包覆，與栗的刺很像。有鋸齒的大葉子也與栗相似。尼泊爾將其用作郵票圖案。殼斗內的果實通常為一顆。常綠樹。

分布：尼泊爾到印度北部、中國、台灣、中南半島。

× 0.5

× 1.0

葉片大且側脈多，帶有鋸齒。

尼泊爾　甘達基省

大葉苦櫧 *Castanopsis kawakamii* 苦櫧屬

學名的 kawakamii，是取自於台灣總督府博物館（現在的國立台灣博物館）第一任館長的日本植物學家川上瀧彌（Kawakami Takiya）。冠上川上之名的台灣植物多達 40 種以上。殼斗內的果實為一顆。常綠樹。

分布：中國東南部、台灣、越南。

葉片全緣或帶有些許鋸齒。

× 1.0

有黃褐色的毛。

殼斗

× 1.0

葉面

葉背

葉緣往葉背捲曲。

台灣　南投縣

台灣的猴子最喜歡這種橡實，會用嘴把布滿刺的殼斗咬破，吃掉裡面的果實。

火燒柯 ![] *Castanopsis fargesii* 苦櫧屬

　　學名的 fargesii，是取自於法國傳教士兼植物學家的保羅·吉拉姆·法爾吉（Paul Guillaume Farges）。葉背被覆厚厚的紅褐色鱗毛。殼斗內的果實為一顆。橡實可食用。葉片與殼斗會隨地區而有極大差異。常綠樹。

　　分布：中國南部、台灣。

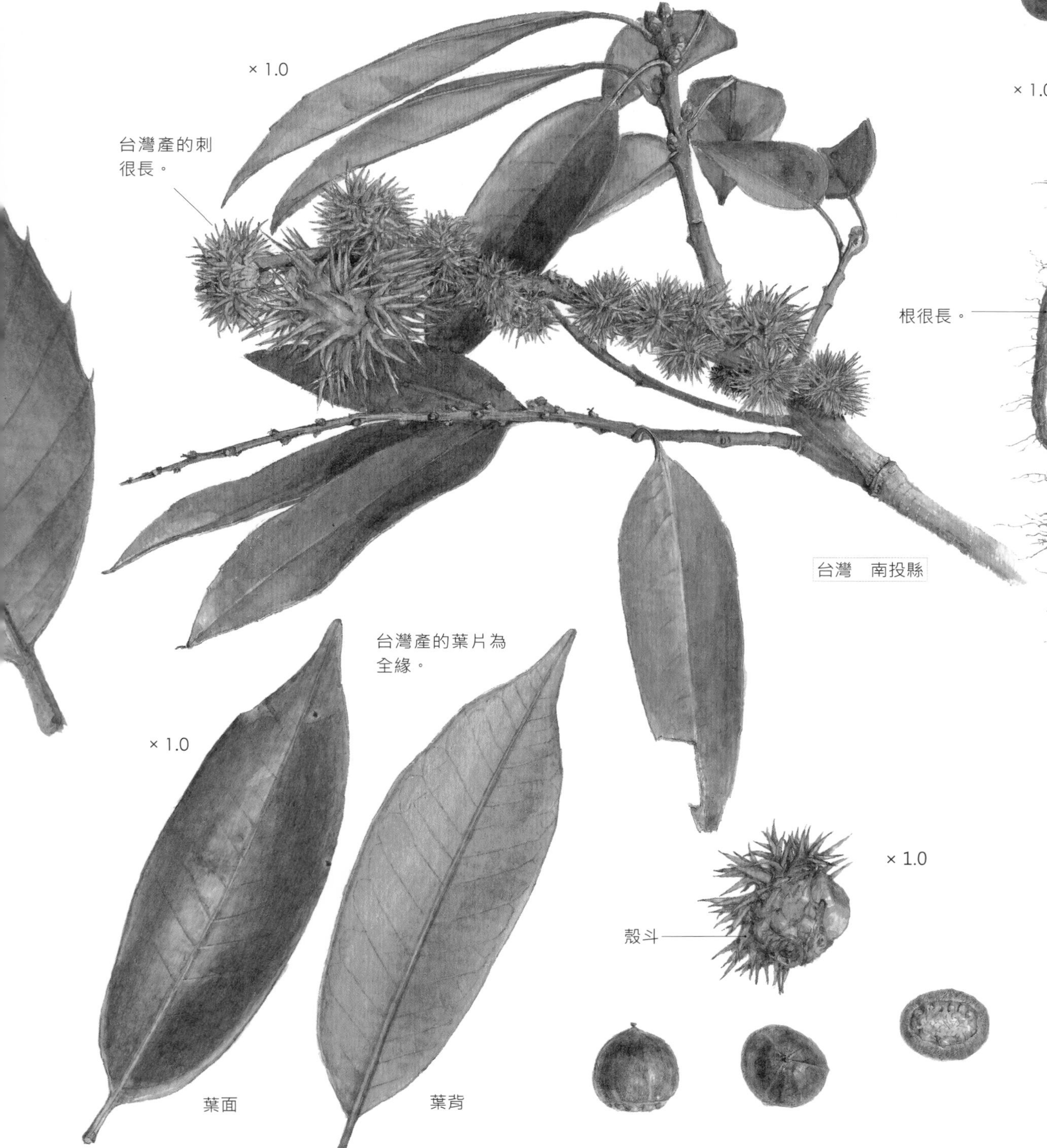

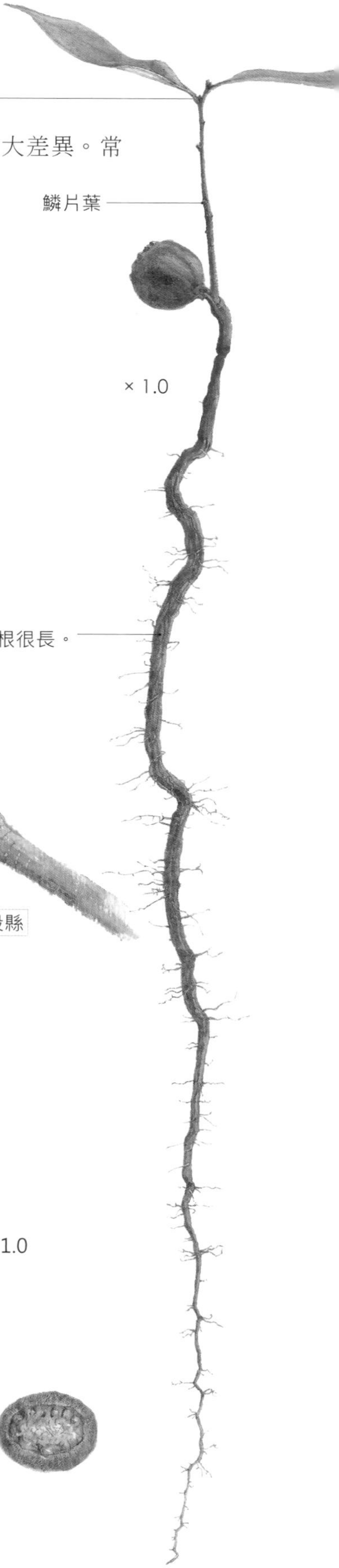

鱗片葉

× 1.0

× 1.0

台灣產的刺很長。

× 1.0

根很長。

台灣　南投縣

台灣產的葉片為全緣。

× 1.0

葉面

葉背

殼斗

× 1.0

蒺藜錐 　*Castanopsis tribuloides*　苦櫧屬

　　學名 tribuloides 的意思，指的是與果實長滿刺的蒺藜科蒺藜屬（*Tribulus*）相似。喜馬拉雅山代表性的苦櫧，以本種為優勢種的森林，廣泛分布於喜馬拉雅山的半山腰。殼斗內的果實為一顆。產量大的橡實廣為食用，我就曾在泰國清邁的市場見過賣烤栗子的攤販。常綠樹。

　　分布：尼泊爾到中國中南部、緬甸、中南半島。

緬甸　孟邦

× 1.0

殼斗的表面有黃褐色的毛。

尼泊爾　那加闊（Nagarkot）

果實為歪斜的球形。

× 1.0

尼泊爾　那加闊

× 1.0　　　× 1.0

葉面

黃灰色

葉背

尼泊爾　那加闊

葉片細長，先端往
其中一側彎曲。

刺的長短變異很大。

× 1.0

緬甸　孟邦

緬甸大金石（Kyaiktiyo Pagoda）的半山腰以上是本種的優勢區域。
緬甸　孟邦

麻櫟 Quercus acutissima 櫟屬麻櫟組 (Section Cerris)

　　學名的 Quercus 是拉丁語的橡樹，acutissima 則有「非常尖銳」的意思。葉片與 Q. serrata 枹櫟（小楢）一樣細長、具尖銳鋸齒。廣泛分佈於東亞。在日本，與枹櫟同屬雜木林中最常見的種，不過據說大多是種來作為薪炭。原生地不甚明確，或許是河川沿岸的氾濫平原。在日本產的櫟屬中，本種與栓皮櫟皆屬於麻櫟組，殼斗的鱗片相當長是其特徵。落葉樹。

　　分布：尼泊爾到中國、緬甸、泰國、中南半島、韓國、日本。

× 1.0

先端大多會稍微凹陷。

× 1.0

日本　東京都

鱗片長且捲曲。

× 1.0

雄花序

× 0.7

葉片與日本栗相似，差別在於鋸齒部分沒有葉綠素故呈透明。

栓皮櫟 *Quercus variabilis*　櫟屬麻櫟組

　學名的 variabilis 有「變化多端」之意，是因為葉片大小變異大的緣故。廣泛分布於東亞。木栓層厚，大多生長在比麻櫟更乾燥的地區。落葉樹。

　分布：中國、台灣、越南、韓國、日本。

日本　愛知縣

× 0.5

葉背密生白毛。

雌花序

× 1.0

雄花序

鱗片比麻櫟長。

× 1.0

頂部殘留白色的毛。

葉面

× 1.0

鋸齒比麻櫟細短。

葉背

赤樫 　 *Quercus acuta* 　櫟屬青剛櫟組 (Section Cyclobalanopsis)

學名的 acuta 有「尖銳形」之意，是取自於葉片先端的形狀。殼斗被覆黃褐色的毛。在日本產的櫟類（青剛櫟組）中，耐寒性最為優異，在高海拔的地方也可生存。在垂直分布的上限附近，與圓齒水青岡形成混合林。常綠樹。

分布：韓國、日本。

× 1.0

頂部有黃褐色的毛。

殼斗密生黃褐色的毛。

× 1.0

冬芽大而尖，有 4 棱。

日本　東京都

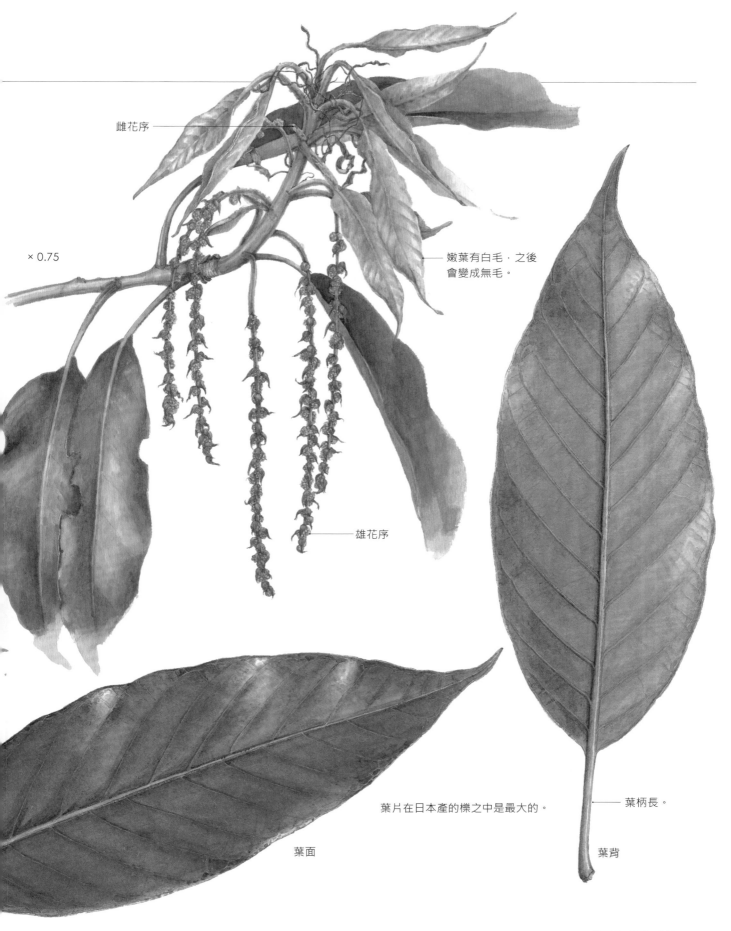

雌花序

× 0.75

嫩葉有白毛，之後
會變成無毛。

雄花序

葉片在日本產的櫟之中是最大的。

葉面

葉柄長。

葉背

銀絨櫟  *Quercus argentata* 　櫟屬青剛櫟組

學名的 argentata 有「銀色」之意，是取自於葉背的顏色。從東南亞熱帶的低地林到山地林，垂直分布在廣闊的範圍內。是南洋櫟木材（熱帶的橡木材）的重要原木。常綠樹。

分布：馬來半島、蘇門答臘、婆羅洲、爪哇島。

× 1.0

× 1.0

葉片大且葉柄長。

栗色

殼斗呈深碗形且薄。

先端尖細，有助於讓葉片上的雨滴盡快滑落。

× 1.0

葉背

葉面

× 0.6

沒有鱗片葉。

馬來西亞　砂拉越州

長成高木。

Quercus brandisiana 櫟屬青剛櫟組

學名的 brandisiana，是取自在緬甸等舊英屬殖民地調查印度植
物的德國植物學家迪特里希·布蘭迪斯（Dietrich Brandis）。廣
泛分布於半山腰略為乾燥的地帶。常綠樹。

分布：緬甸、泰國、寮國。

葉緣往葉背捲曲。

× 1.0

× 1.0

葉背呈粉白色。

葉片的上半部有鋸齒。

× 1.0

泰國北部是在 2 月
結果實。

殼斗呈皿形。

泰國　清邁

× 1.0

葉面

葉背

短萼櫟 ■ *Quercus brevicalyx*　櫟屬青剛櫟組

學名的 brevicalyx 有「短萼」的意思。橡實大而圓，
底部平坦微凸，全部都形成果臍。生長在濕潤的山地。
常綠樹。

分布：中國（雲南省）、寮國、泰國。

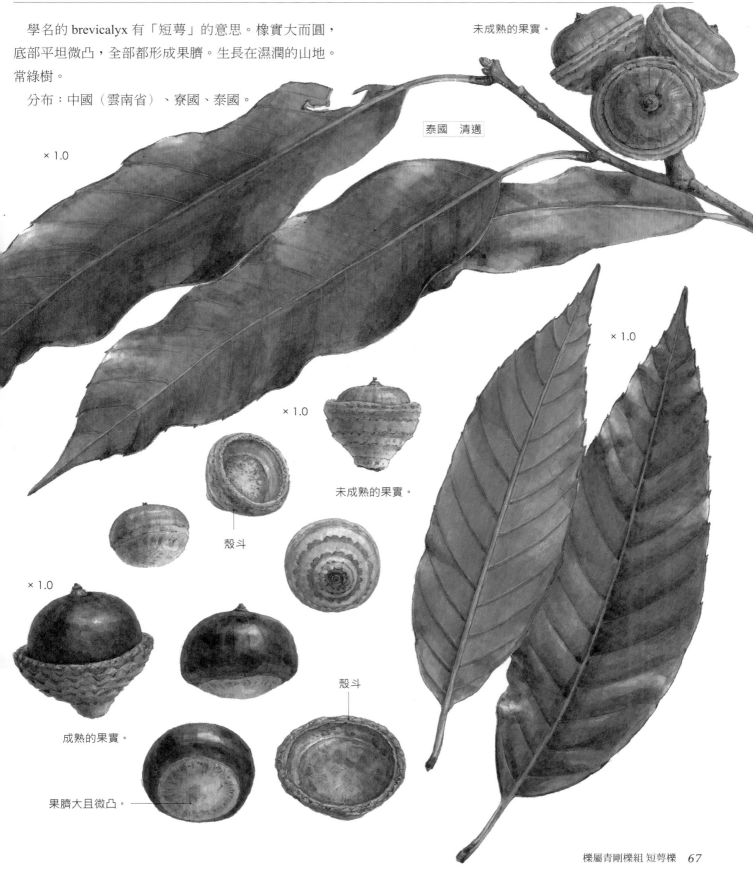

未成熟的果實。

泰國　清邁

× 1.0

× 1.0

× 1.0

未成熟的果實。

殼斗

× 1.0

殼斗

成熟的果實。

果臍大且微凸。

赤皮  *Quercus gilva*　櫟屬青剛櫟組

　　學名的 gilva 有「灰褐色」之意，是取自於葉背的顏色。原本生長在平原的肥沃地區，不過已因為開發而減少，僅存於神社的森林等地。樹幹筆直高聳，可用於建材或船櫓。橡實的單寧少，無須除去澀味也可食用。常綠樹。

　　分布：中國東南部、台灣、日本。

× 1.0

雌花序

× 1.0

鋸齒尖銳。

葉面

雄花序

× 1.0

長有黃褐色的毛。

葉背

葉片硬，葉背密生灰褐色的毛。

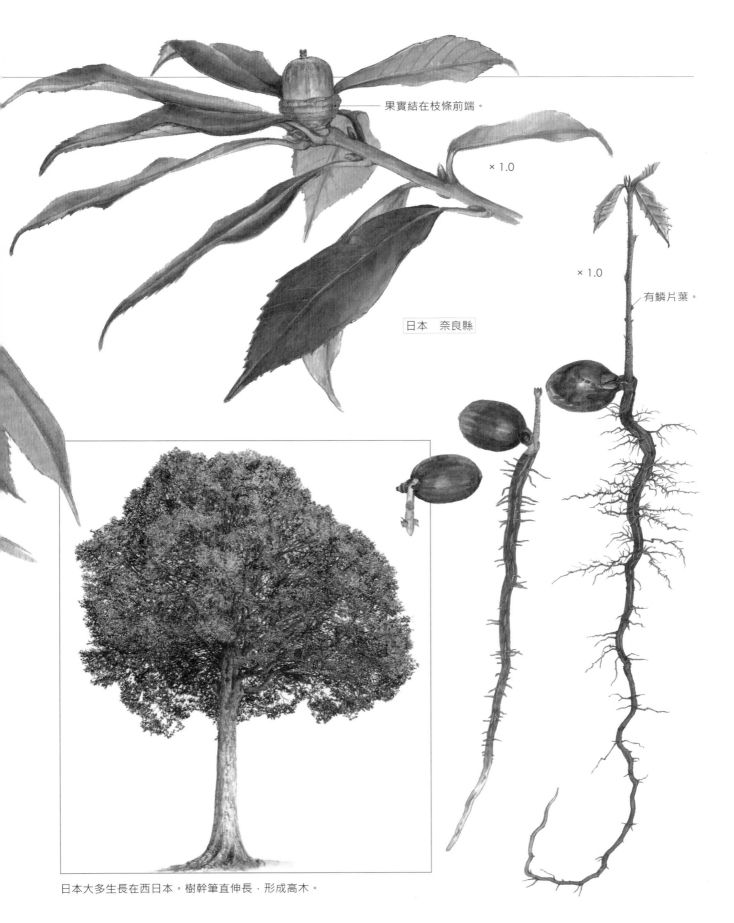

果實結在枝條前端。

× 1.0

× 1.0

有鱗片葉。

日本　奈良縣

日本大多生長在西日本。樹幹筆直伸長，形成高木。

青剛櫟 ■ *Quercus glauca* 櫟屬青剛櫟組

學名的 glauca 有「灰青色的」之意，是取自於葉背的顏色。亞洲櫟類中分部最廣的櫟，有各式各樣的地區變異。原本生長在石灰岩地與岩壁等稍微乾燥貧瘠的地區，次生林比天然林多。常綠樹。

分布：尼泊爾到緬甸、中南半島、中國、台灣、韓國、日本。

× 1.0

大多帶有垂直黑色條紋。

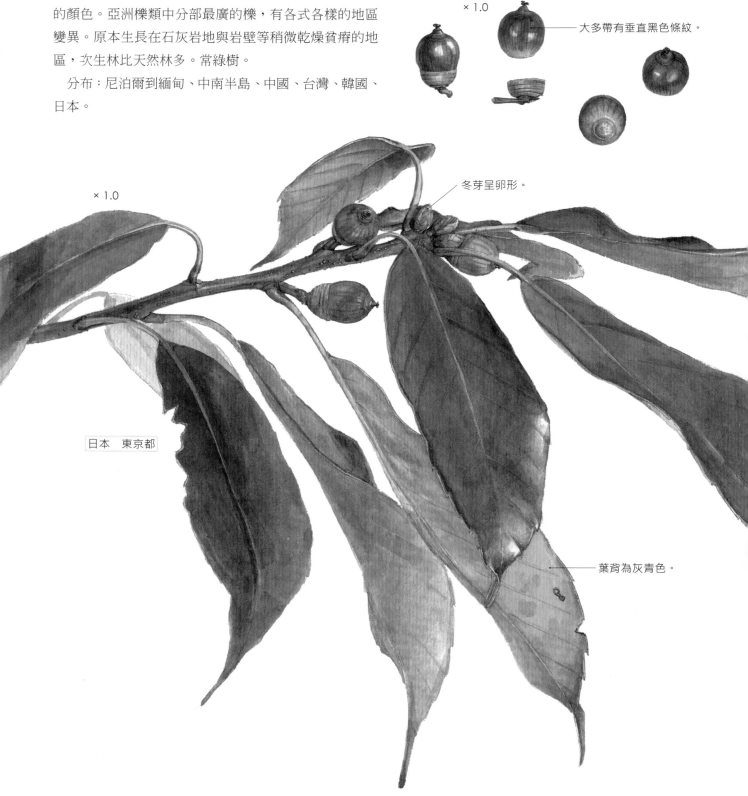

× 1.0

冬芽呈卵形。

日本　東京都

葉背為灰青色。

新葉帶紅色，有白毛。

× 1.0

× 1.0

雄花序

葉片上半部有鋸齒。

× 1.0

葉面

葉背

毽子櫟  *Quercus sessilifolia* 櫟屬青剛櫟組

學名的 sessilifolia 有「無柄的葉片」之意。中文名稱的毽子櫟，是將集中生長在枝條前端的葉片，形容為羽毛毽子。與赤樫（p.62）經常形成雜交種大衝羽根樫（*Quercus × takaoyamensis*）。

分布：中國中南部、台灣、日本。

× 0.75

冬芽的前端尖。

× 0.9

雌花序

雄花序

雄花

× 1.0

雌花

果序。

葉片比赤樫的小。

× 1.0

× 1.0

× 1.0

葉面

葉背

日本　京都府

殼斗密生黃白色的毛。

葉長樫 ■ *Quercus hondae* 櫟屬青剛櫟組

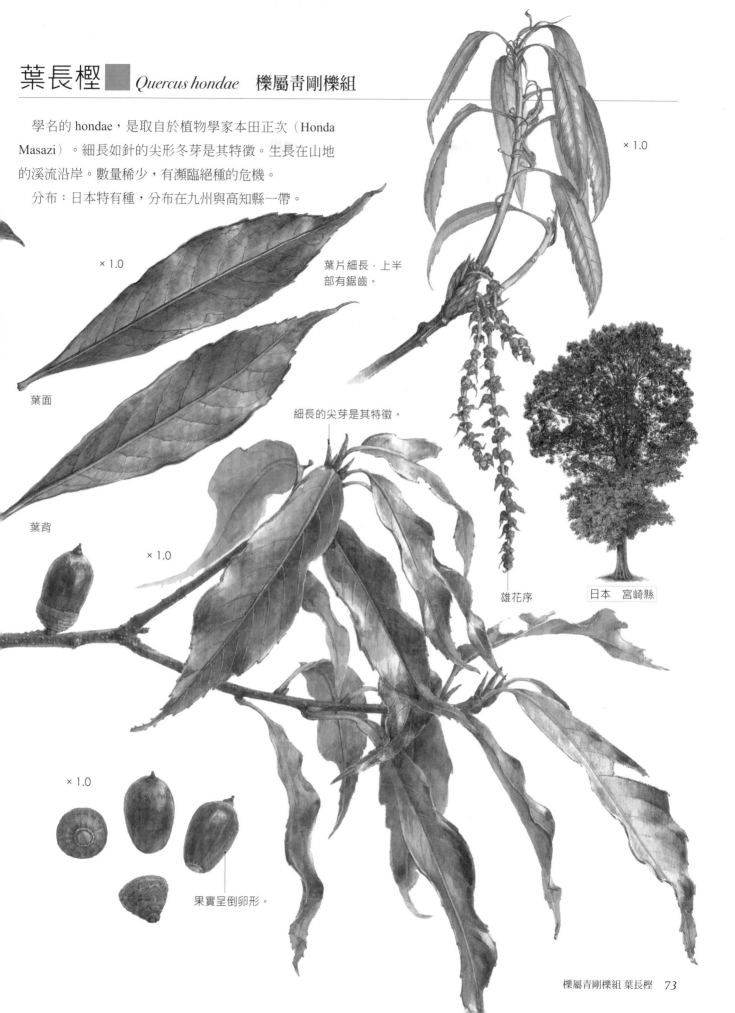

學名的 hondae，是取自於植物學家本田正次（Honda Masazi）。細長如針的尖形冬芽是其特徵。生長在山地的溪流沿岸。數量稀少，有瀕臨絕種的危機。

分布：日本特有種，分布在九州與高知縣一帶。

× 1.0

× 1.0

葉片細長，上半部有鋸齒。

葉面

葉背

細長的尖芽是其特徵。

× 1.0

雄花序

日本　宮崎縣

× 1.0

果實呈倒卵形。

毛葉青岡  *Quercus kerrii* 櫟屬青剛櫟組

學名的 kerrii，是源自於被稱為泰國植物學之父的愛爾蘭植物學家阿瑟·弗朗西斯·喬治·克爾（Arthur Francis George Kerr）。扁平的橡實是其特徵。生長在有乾季的山地，在次生林中為優勢樹種。樹皮的木栓層厚，耐火及伐採。分布廣，葉片的形狀以及毛的生長方式有極大變異。

分布：緬甸、泰國、中南半島、中國西南部。

◆緬甸產

緬甸　撣州

× 1.0

從果臍兩側發芽。

先端凹陷。

× 1.0

根部鼓起。

× 0.75

緬甸　撣州

× 0.9

有黃褐色的毛。也有幾乎無毛的葉片。

葉背

◆泰國產

× 0.75
泰國　清邁

× 0.9

× 1.0

雨季時節，掉落地面會
馬上從果臍部分發芽。
泰國　清邁

葉面　　葉背

◆越南產

× 0.75

越南　林同省

× 0.9

× 0.5

排列著許多
鱗片葉。

× 1.0

葉背　　葉面

薄片青岡 ■ *Quercus lamellosa*

學名的 lamellosa 有「薄片狀」之意，是因為殼斗的鱗片乾掉後會變成片狀。生長在喜馬拉雅半山腰雲霧帶的櫟，葉片和橡實都很巨大。錫金看到的本種葉片長度甚至達 40 公分。葉背呈白色，即便是落葉也很醒目。殼斗厚，裡面包覆著橡實，就這樣直接滾落山林下。

分布：尼泊爾到中國西南部、緬甸、泰國。

× 1.0

× 1.0

雄花序

雄花與苞片

× 1.0

細長的樹型，適合在日照量少的雲霧帶利用散光進行光合作用。混生在高山櫟（*Quercus semecarpifolia*）的森林裡。
尼泊爾　達曼高原

生存的時候，殼斗的鱗片相當厚。

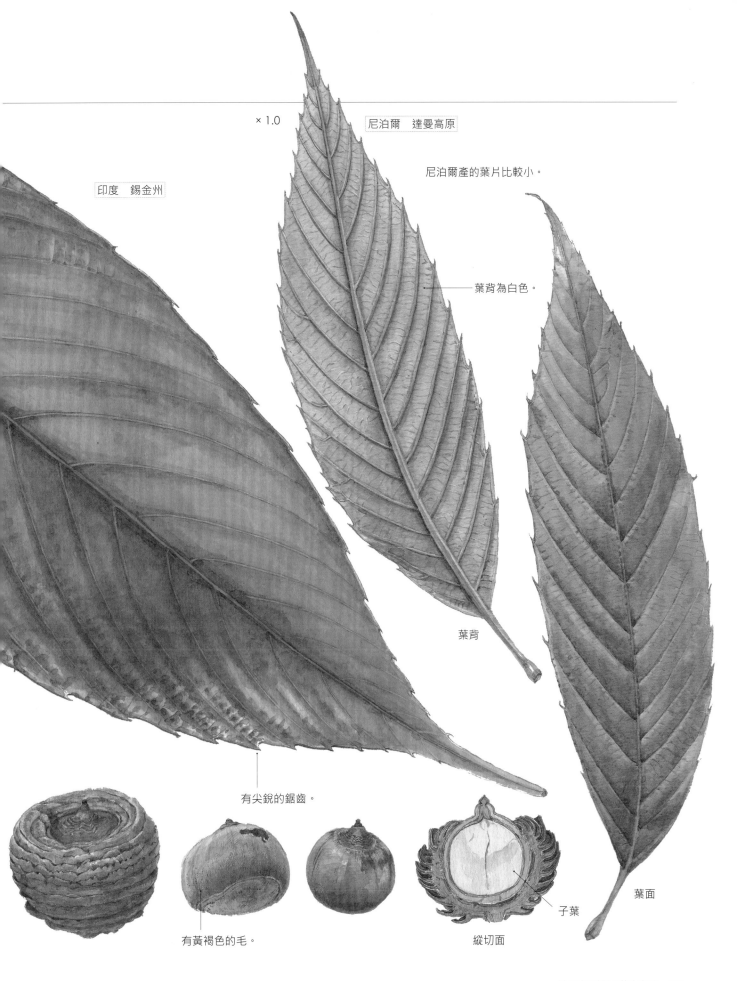

× 1.0

印度　錫金州

尼泊爾　達曼高原

尼泊爾產的葉片比較小。

葉背為白色。

葉背

有尖銳的鋸齒。

有黃褐色的毛。

子葉

縱切面

葉面

學名的 langbianensis，是取自於越南南部大叻高原內的浪平山（Lang Biang）。

分布：越南特有種。

× 1.0

越南　林同省

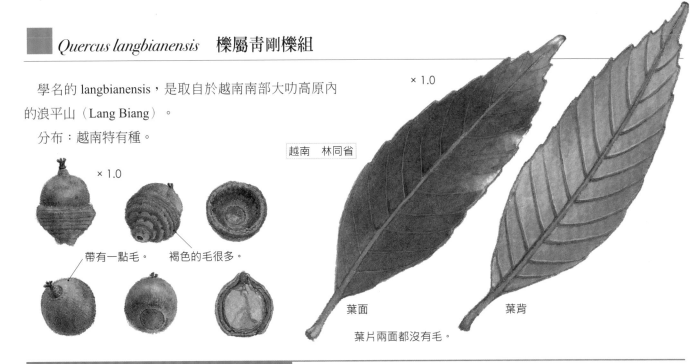

× 1.0

帶有一點毛。　褐色的毛很多。

葉面

葉背

葉片兩面都沒有毛。

日本最大的橡實—沖繩白背櫟

本種因結有日本最大的橡實而聞名。此外，它是全世界唯一分布在琉球群島的種。

為了繪製插畫而開始尋找本種是 20 年前的事了。我試著致電給沖繩本島的公園詢問探察地點，不過卻得到了植物園內並未種植的回覆。之後致電給石垣島的公園，得到了該處有許多本種的好消息。我隨即於 10 月初左右出發，但出於某種原因，並未如願看到橡實。

隔年將時程稍微往後，於 10 月底前往石垣島與西表島。這一年西表島正值豐收，前往瀑布的路途上，叩咚、啪颯等撞擊樹幹後掉落的聲音，不時在寂靜的森林中響起。我心滿意足地撿了一堆橡實。事後我才知道，本種的橡實是在 11 月底到 12 月成熟。

接著是花。當時手邊的植物圖鑑上記載的花期為 4 月，因此我在 3 月底致電石垣島詢問花況，不過園方的回覆卻是：「您要問的是鹿角杜鵑嗎？橡實的花我不清楚喔」。老實說有點失望，居然不清楚橡實的花。總之先請對方幫忙留意，接著隔年，我提早於 2 月中聯繫對方，得到了尚未開花的回覆。再隔年我 1 月就打去。「你晚了，花已經開囉！不過還剩下一些」。我急忙出門，終於和花見到面了。本種的花在石垣島約莫於 12 月底到 1 月初綻放。前後耗費了 3 年的時間，總算和花見上一面。為了畫植物，我整個人也變得相當有耐心。

琉球群島有琉球鼠（*Diplothrix legata*）這號日本最大的老鼠，或許與沖繩白背櫟碩大橡實的散布有關。不過現在琉球鼠的數量已大幅減少，因此無法清楚得知其關聯性。沖繩白背櫟常見於有水流的地方，因此也可能主要是藉由水流運送橡實，將其分布區域拓展至下游。

沖繩白背櫟僅分布在琉球群島。西表島距離台灣不到 200 公里，但台灣並沒有分布。橡實若要渡海得借助外力。鳥也無法搬運，不確定是距離的關係，還是橡實太大的緣故。可以確定的是，之所以沒有，原因在於台灣是約莫 2000 萬年前，大陸與之後形成日本的陸地分離而誕生的，而橡實則是在這之後才現其蹤跡。（德永／撰）

沖繩白背櫟  *Quercus miyagii* 櫟屬青剛櫟組

　　學名的 miyagii，是取名自沖繩一位農業學校老師，致
力於砂糖黍（*Saccharum officinarum*）新品種的引進等農
業革新，同時採集為數眾多的植物標本，對植物分類學
有所貢獻的宮城鉄夫（Miyagi Tetsuo）。結有日本最大
的橡實。也因為橡實較大，所以萌發的芽也很大，第一
年可生長達 30 公分高。常綠樹。

　　分布：琉球群島特有種。

葉背

×1.0

× 0.5

發根一個半月
後，地上莖會
超過 30cm。

葉面

葉緣呈波浪狀。

雌花序

×0.9

×0.7

×1.0

雄花序

漩渦狀的鱗片。

同心圓狀的鱗片。

日本　沖繩縣

黑櫟  *Quercus myrsinifolia* 櫟屬青剛櫟組

　　學名的 myrsinifolia 有「近似鐵仔屬（*Myrsine*）的葉片」之意。性喜土壤肥厚豐沃的土地。在日本，廣為栽培用作薪炭林與防風林，原本的分布區域不詳。常綠樹。

　　分布：中國中南部、台灣、韓國（濟州島）、日本。

× 0.5

× 1.0

雌花序

雄花序

× 1.0

先端有多道環狀紋路。

× 0.7

葉片細長、前端尖。

日本　東京都

× 1.0

葉面

葉片兩面都沒有毛。

葉背

日本關東地方經常種植作為防風林。

捲斗櫟 ◼ *Quercus pachyloma* 　櫟屬青剛櫟組

學名 pachyloma 有「厚邊」之意，是取自殼斗的形狀。
如插畫所示，殼斗的邊緣呈波浪狀擴展開來。常綠樹。
分布：中國南部、台灣。

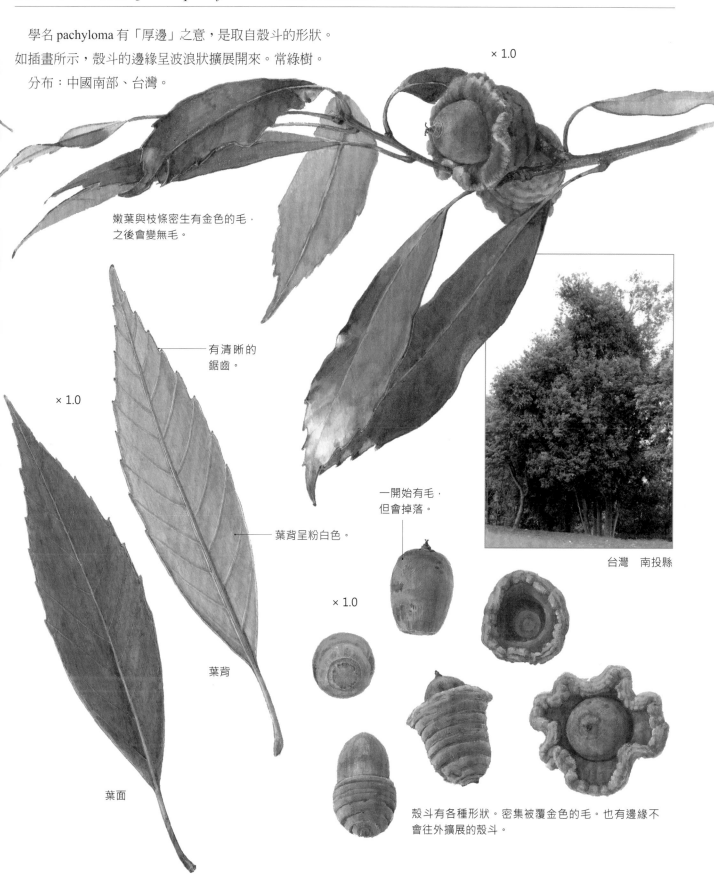

× 1.0

嫩葉與枝條密生有金色的毛，
之後會變無毛。

有清晰的
鋸齒。

× 1.0

葉背呈粉白色。

一開始有毛，
但會掉落。

台灣　南投縣

× 1.0

葉背

葉面

殼斗有各種形狀。密集被覆金色的毛。也有邊緣不
會往外擴展的殼斗。

黃背青岡  *Quercus poilanei* 櫟屬青剛櫟組

學名的 poilanei，是取自咖啡園主兼植物學家的尤金·普瓦蘭（Eugène Poilane）。普瓦蘭採集大量越南等中南半島的標本，替許多植物留名。常綠樹。

分布：泰國、中國（廣西省）、越南。

× 1.0

未成熟的果實。

嫩葉與枝條密生有金色的毛，之後會脫落。只不過，仍會殘留在葉背上。

× 1.0

葉背

葉面

中南半島的熱帶山地林發現殼斗科植物

中南半島東部，從中國西南部到寮國、越南南部，涵蓋範圍長達 1000 公里的山地稱為長山山脈（安南山脈）。此地區的生物相調查持續了很長一段時間，直到 20 世紀後半受戰亂的影響才停滯，不過近年總算又重新展開調查。結果，陸續發現新種、稀有種、新分布，得知該地區的生物多樣性極為豐富，具有獨一無二的生物相。植物方面也是，在法國殖民地時代，女性植物學家艾美·卡繆（p.38）曾於此地區積極研究殼斗科，近年則重新確認了三棱櫟（p.12）的分布，是個蘊含許多未知等待挖掘的地區。其中也發現了許多針葉樹的遺存種與稀有種，克倫普夫松（*Pinus krempfii*）即為此處的特有種，是全世界唯一具有寬扁葉片的松樹。（原 正利／撰）

越南比杜努伊巴國家公園（Bidoup - Nui Ba National Park）的森林。雖然大多是殼斗科的照葉樹林，但也混雜許多松樹等針葉樹。

白背櫟 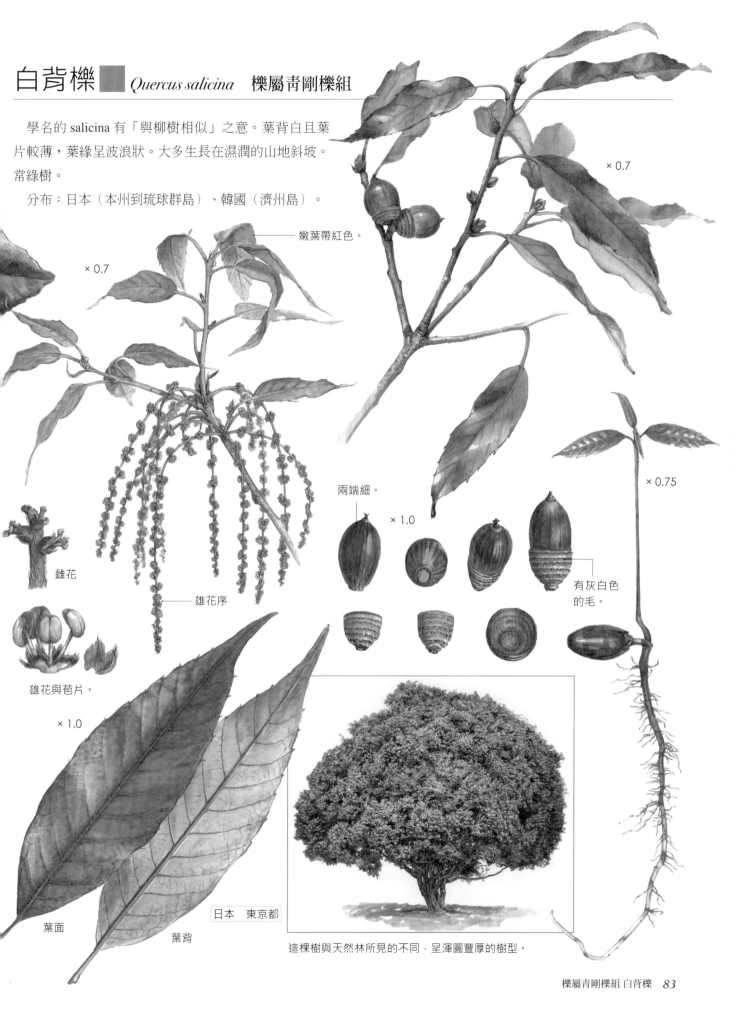 *Quercus salicina* 櫟屬青剛櫟組

學名的 salicina 有「與柳樹相似」之意。葉背白且葉片較薄，葉緣呈波浪狀。大多生長在濕潤的山地斜坡。常綠樹。

分布：日本（本州到琉球群島）、韓國（濟州島）。

× 0.7

嫩葉帶紅色。

× 0.7

雌花

雄花序

兩端細。

× 1.0

× 0.75

有灰白色的毛。

雄花與苞片。

× 1.0

葉面

葉背

日本　東京都

這棵樹與天然林所見的不同，呈渾圓豐厚的樹型。

半齒青岡  *Quercus semiserrata* 櫟屬青剛櫟組

學名的 semiserrata 有「半數帶有鋸齒」之意，表示葉片的上半部呈鋸齒狀。葉片的大小與形狀有極大變異。常綠樹。

分布：印度（阿薩姆）、不丹、孟加拉、緬甸、中國、泰國。

葉柄粗且長。

× 0.85

泰國　清邁

果實大，和殼斗都有許多黃褐色的毛。

× 1.0

果臍凸出。

葉片的上半部有鋸齒。

殼斗厚。

× 1.0

葉面

葉背

烏岡櫟 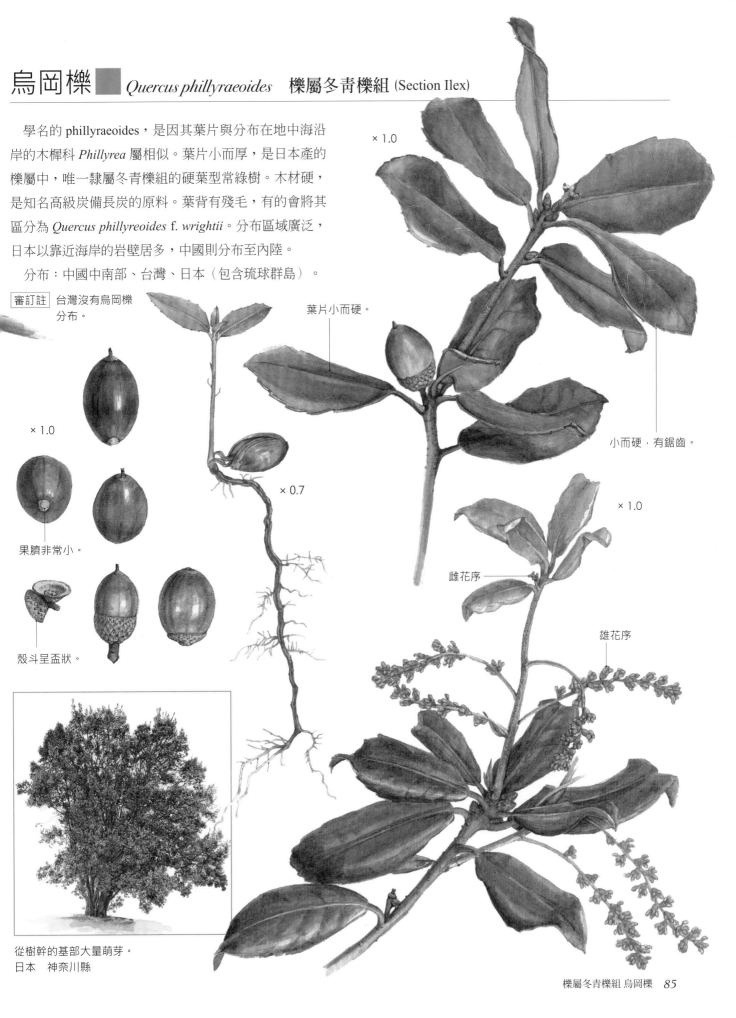 *Quercus phillyraeoides* 櫟屬冬青櫟組 (Section Ilex)

　　學名的 phillyraeoides，是因其葉片與分布在地中海沿岸的木樨科 *Phillyrea* 屬相似。葉片小而厚，是日本產的櫟屬中，唯一隸屬冬青櫟組的硬葉型常綠樹。木材硬，是知名高級炭備長炭的原料。葉背有殘毛，有的會將其區分為 *Quercus phillyreoides* f. *wrightii*。分布區域廣泛，日本以靠近海岸的岩壁居多，中國則分布至內陸。

　　分布：中國中南部、台灣、日本（包含琉球群島）。

審訂註 台灣沒有烏岡櫟分布。

× 1.0

葉片小而硬。

× 1.0

小而硬，有鋸齒。

果臍非常小。

× 0.7

殼斗呈盃狀。

× 1.0

雌花序

雄花序

從樹幹的基部大量萌芽。
日本　神奈川縣

高山櫟　*Quercus semecarpifolia*　櫟屬冬青櫟組

　　學名的 semecarpifolia，是因其葉片與漆樹科肉托果屬
（*Semecarpus*）相似。隸屬冬青櫟組的硬葉常綠樹。在
高於喜馬拉雅半山腰的常綠闊葉林的高海拔地帶，和鐵
杉屬、冷杉屬、雲杉屬等針葉樹混生。具相同垂直分布
之櫟屬的常綠樹，在雲南省等中國西部山地也發現各式
各樣的種，稱為高山櫟。

　　分布：喜馬拉雅山、藏區、緬甸。

× 1.0

尼泊爾　達曼高原

× 1.0

葉片小而硬。

鱗片凸起。

葉面

葉背

果實呈現紫褐色。

× 1.0

有的鋸齒會形成尖刺。

果臍小。

尼泊爾標高 2300m 的達曼
高原殘留的巨木。大部分
被認為是本種。因為橫枝
已遭砍伐供薪或飼料用，
因此呈現細長的樹型。

成熟轉為深紫褐色的過
程，會呈現如圖般的美
麗橫條紋。

槲櫟  *Quercus aliena* 櫟屬白櫟組 (Section Quercus)

學名的aliena有「外國的」之意。英文稱之為「東洋的白橡（Oriental white oak）」。分布區域廣泛，葉片的形狀與大小有極大變異。生態與生長地點有諸多不明確的地方，不過日本國內的原生地，被認為是在沖積地的河畔或山地下半部的山谷。落葉樹。

分布：中國、韓國、日本。

審訂註 台灣亦有槲櫟分布。

× 1.0

葉片為大型。

日本　愛知縣

× 1.0

細長的果實。

× 1.0

鱗片葉

× 1.0

韓國　首爾市

雄花序

殘留黃褐色的毛。

有葉柄。

本種在日本為第3大的樹木。　日本　廣島縣

短形的也很多。

日本　京都府

大葉櫟 ■ *Quercus griffithii* 櫟屬白櫟組

學名的 griffithii，是取自在喜馬拉雅山東部調查植物的英國植物學家威廉·格里菲斯（William Griffith）。和槲櫟（p.87）是近緣，有的也會將其納入槲櫟的亞種。落葉樹。

分布：喜馬拉雅山東部、中國西南部、緬甸、泰國、中南半島。

× 1.0

× 1.0

與槲櫟相比，側脈鋸齒較多，且先端尖。

周圍彷彿日本里山的風景。
緬甸　撣州

槲樹 ![] *Quercus dentata*　櫟屬白櫟組

　　學名的 dentata 有「齒狀的」之意，指鋸齒的形狀。常見於野燒草原或海岸附近。容易產生雜交種，已知的有 *Quercus × anguste-lepidota*（槲樹與水楢的雜交種）、*Quercus × takatorensis*（槲樹與枹櫟的雜交種）等。落葉樹。

　　分布：極東俄羅斯、蒙古、中國、台灣、朝鮮半島、日本。

× 1.0

本葉

鱗片葉

× 0.5

雄花序

枝條粗硬堅實。

× 1.0

葉片大而厚但柔軟，長有粗毛。

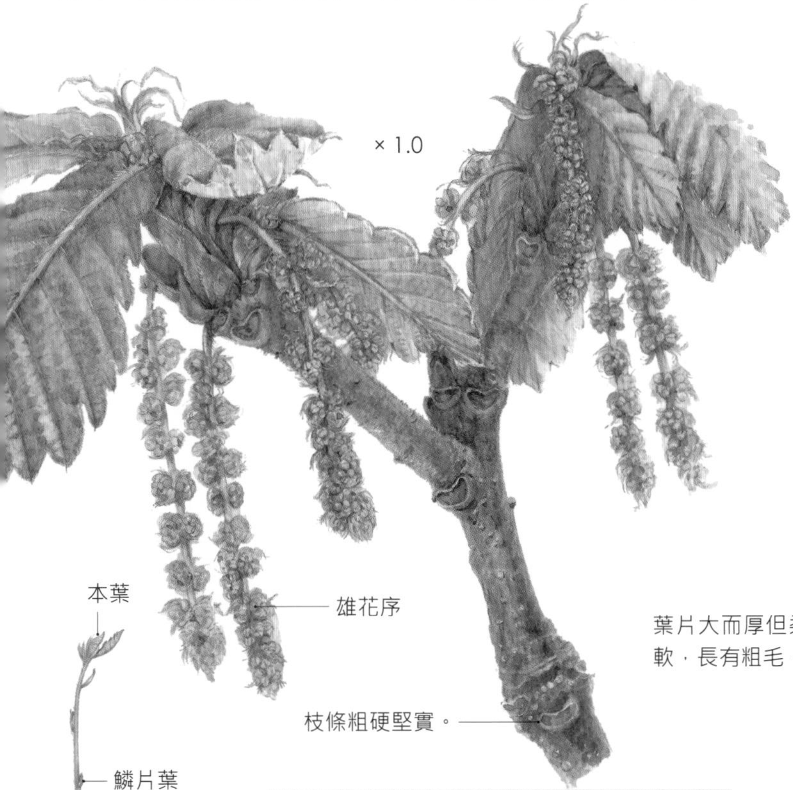

雌蕊的柱頭。

果皮的先端長長延伸。

鱗片長且柔軟，反捲。

結實的樹型，但不會長太高。
日本　長野縣

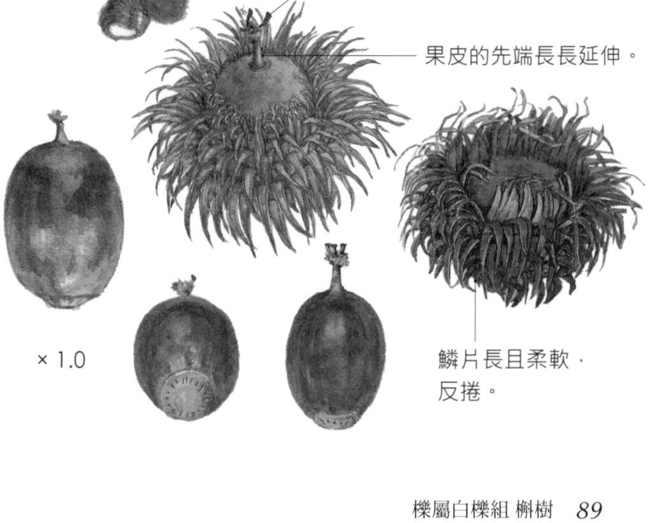

瀾滄櫟 ■ *Quercus kingiana*　櫟屬白櫟組

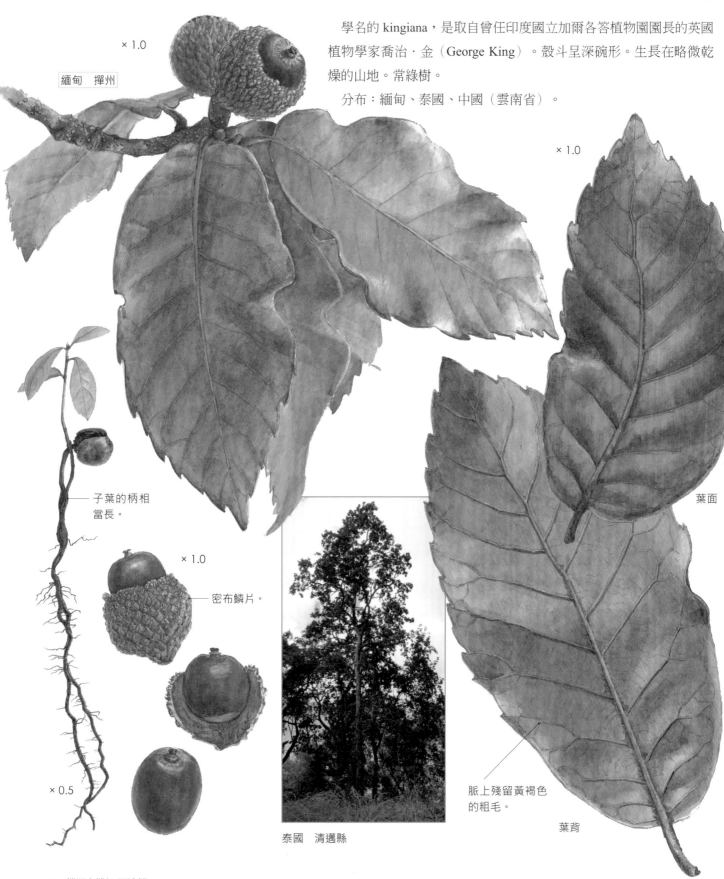

學名的 kingiana，是取自曾任印度國立加爾各答植物園園長的英國植物學家喬治‧金（George King）。殼斗呈深碗形。生長在略微乾燥的山地。常綠樹。

分布：緬甸、泰國、中國（雲南省）。

× 1.0

緬甸　撣州

× 1.0

子葉的柄相當長。

× 1.0

密布鱗片。

× 0.5

泰國　清邁縣

葉面

脈上殘留黃褐色的粗毛。

葉背

毛葉櫟 ■ *Quercus lanata*　櫟屬白櫟組

　　學名的 lanata 有「宛如棉毛」之意，是因其葉背密生黃白色的毛。多見於山脊和岩壁等乾燥地區。在尼泊爾發現的本種，橡實的頂部有許多白色的毛。常綠樹。

　　分布：喜馬拉雅山東部、斯里蘭卡、緬甸、泰國、中南半島、中國西南部。

× 1.0

葉片硬，葉背密生黃白色的毛。

× 1.0

尼泊爾　達曼高原

鋸齒尖且硬。

葉背

× 1.0

果實小而圓。

在越南，橡實的表面沒有毛。

混生在高山櫟的樹群中。　尼泊爾　達曼高原

葉面

喜馬拉雅櫟 ■ *Quercus leucotrichophora* 櫟屬白櫟組

學名的 leucotrichophora 有「帶有白色的毛」之意。別名為 Banjh Oak。生長在喜馬拉雅山的半山腰。樹木下半部的枝條會被砍下，取其葉片來飼養家畜，因此經常看到變成細長棒狀的樹型。常綠樹。

分布：巴基斯坦以東的喜馬拉雅山、緬甸、泰國、越南。

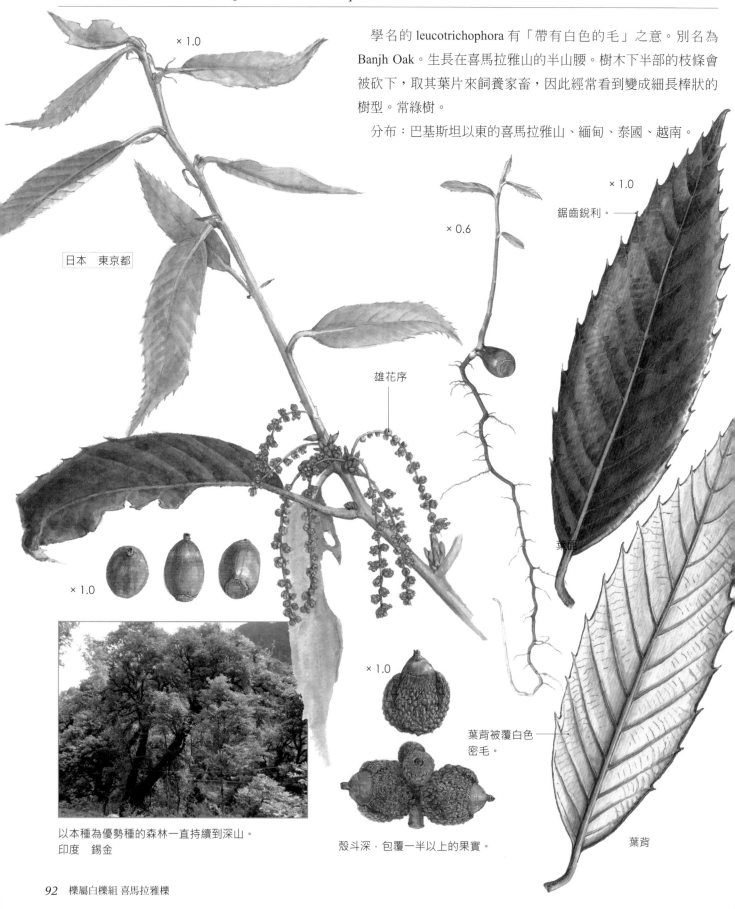

× 1.0

日本　東京都

× 0.6

× 1.0

鋸齒銳利。

雄花序

葉面

× 1.0

× 1.0

以本種為優勢種的森林一直持續到深山。
印度　錫金

殼斗深，包覆一半以上的果實。

葉背被覆白色密毛。

葉背

個體數最多的橡實樹種爲何？

全世界個體數最多的橡實族群為何？我向國際橡實協會（IOS）提出了這個疑問。得到的答覆是，大概是蒙古櫟族群吧！

大約 15 年前，我曾前往愛知縣探尋円椎、栓皮櫟、槲櫟等樹種。當時的嚮導對我說：「有神秘的橡實樹木，要不要去看看？」。隨後被帶往的地方，是尚未決定開辦愛知萬博前的海上森林。這棵樹，現已透過 DNA 的分析結果賦予其他名稱，不過當時被稱為蒙古櫟。

當時亦曾聽聞，日本仍和大陸陸地毗連時傳來的種，不知為何遺存在愛知、栃木、北海道。在愛知看到的那棵神秘橡樹，居然是全世界個體數最多的樹種蒙古櫟族群，著實讓人大吃一驚。那棵在愛知看到的樹，彷彿是為了尋求生存之地，而從中國一步一步徒步旅行而來。

我很在意北海道的是否與愛知縣同種，決定前往宗谷一帶。受海上強風吹襲的緣故，樹木普遍低矮，乍看之下似乎以水楢居多。仔細尋找，總算找到幾棵結有與愛知縣相似的橡實，另外也發現了與槲樹雜交種的殼斗。

在我尋找何處可見到真正的蒙古櫟時，聽說韓國的雪嶽山有非常近似的種，且應該八九不離十，二話不說決定前往勘查。在雪嶽山的山腳下走沒多久，就看到許多狀似蒙古櫟的樹。樹不高，和我的身高差不多，非幼樹的證據在於其已結有許多橡實。橡實與愛知縣的相似，具有無光澤、頭部平坦微凹、殼斗大而厚實等特徵。搭乘纜車往上前往權金城一帶，也是隨處可見該樹種。我認為這絕對是真正的蒙古櫟，所以把它畫了下來（p.94）。

聽說還有一個地方也有蒙古櫟的純林，位於極東俄羅斯的海參威郊外，因此我也曾造訪當地一探橡實的模樣。雖然並未如願看到如傳聞所說蒙古櫟滿布山頭的景象，不過倒是在郊外的公園看到了壯麗的樹林。與雪嶽山不同的是，這裡的樹

海參威郊外植物園內的高大蒙古櫟。

木較為高大。雖然是寒冷地區，但雪量並不多，這種氣候或許多少影響了樹型。橡實與愛知縣的相似，差別在於葉片有毛（p.95）。

從橡實的形狀來看，愛知縣的與韓國和俄羅斯的極為相似。不過，DNA 的調查結果仍有些許差異，可能是祖先很久以前，在韓國或日本，與枹櫟（p.99）或水楢（p.96）雜交的結果。與水楢的葉片形狀的確也很相似，因此身為門外漢的我也非常認同。當初在愛知縣被稱為蒙古櫟的種，現已重新命名為麓水楢（p.98）。

據傳戈壁沙漠南側的山頭似乎被蒙古櫟的純林覆蓋，所以個體數應該也相當可觀吧！不過與名稱不符的是，在蒙古的烏蘭巴托附近似乎看不太到蒙古櫟。（德永／撰）

上：在北海道宗谷發現的橡實。
右：在日本長野縣發現被認為是水楢與槲樹雜交種的橡實。

蒙古櫟 ■ *Quercus mongolica* subsp. *mongolica*　櫟屬白櫟組

學名的 mongolica 有「蒙古的」之意。具有波形粗鋸齒的大型葉片，以及前端凹陷的渾圓橡實是其特徵。在東北亞分布範圍最為廣泛，最北邊、最乾燥的地區皆有分布，據說是個體數最多的櫟樹。在日本國內被記載為蒙古櫟的麓水楢（p.98），被認為並非本種，但其關係眾說紛紜。

分布：極東俄羅斯、蒙古、中國東北部、朝鮮半島、韓國。

◆韓國產

雪嶽山

前端凹陷。

× 1.0

× 1.0

× 1.0

× 1.0

雄花序

韓國的金櫂山頂附近的蒙古櫟，是樹高相當於人類身高的矮木。
韓國　江原道

× 1.0

◆俄羅斯產

海參威郊外

葉片與水楢相似。

前端凹陷。

× 1.0

殼斗的鱗片厚實鼓起。

海參崴的會長成高大的樹。葉片有毛。

水楢 ■ *Quercus mongolica* subsp. *crispula*　櫟屬白櫟組

　　學名的 crispula 有「不規則波浪」之意。倒卵形的大葉片與橢圓形的橡實是其特徵。別名大楢。分布在比蒙古櫟更南邊的地方，在日本

與圓齒水青岡同為冷溫帶落葉闊葉樹林的代表性樹木。主要用於家具或樽材。橡實單寧多，味道苦澀。

　　分布：南薩哈林、南千島、朝鮮半島、日本。

淡綠色

× 1.0

× 1.0

× 1.0

果實比枹櫟大。

雌花

雄花

雄蕊

雄蕊

雄花序

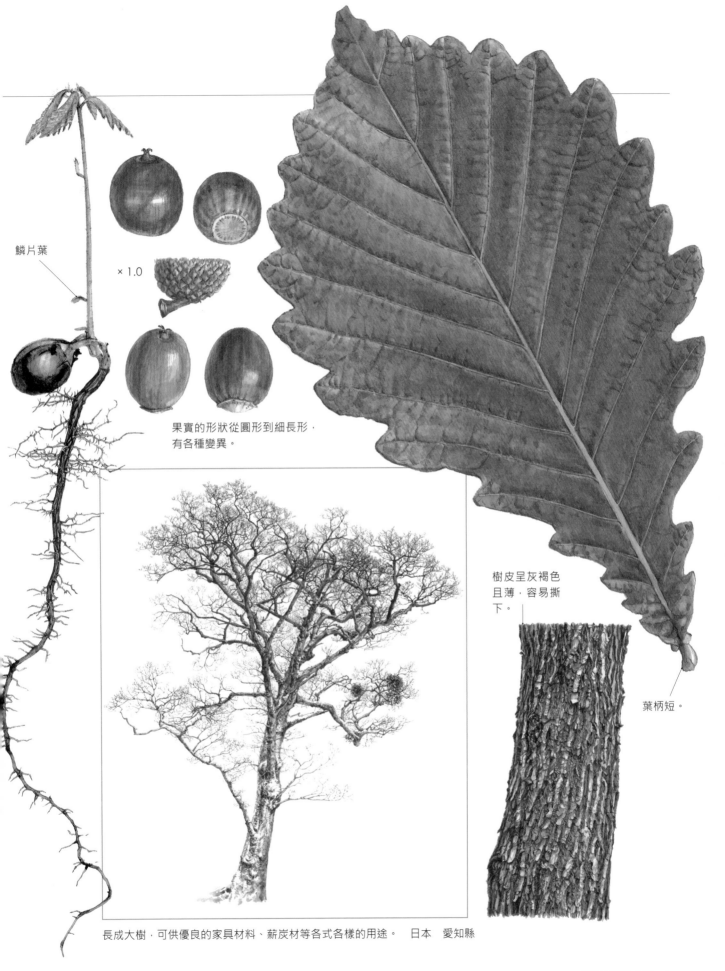

鱗片葉

× 1.0

果實的形狀從圓形到細長形，
有各種變異。

樹皮呈灰褐色
且薄，容易撕
下。

葉柄短。

長成大樹，可供優良的家具材料、薪炭材等各式各樣的用途。　日本　愛知縣

麓水楢  *Quercus serrata* subsp. *mongolicoides* 櫟屬白櫟組

曾被記載為蒙古櫟的本種，分布在日本關東北部與東海地方的部分地區，生長在比水楢還低海拔的地方。學名將其納入枹櫟的亞種，但最近研究指出其為水楢與蒙古櫟的雜交種。

× 1.0

冬芽
× 0.5

日本　愛知縣
× 0.9

雄花序

葉背無毛。

前端凹陷。

鱗片厚實鼓起。

× 1.0

枹櫟（小楢） 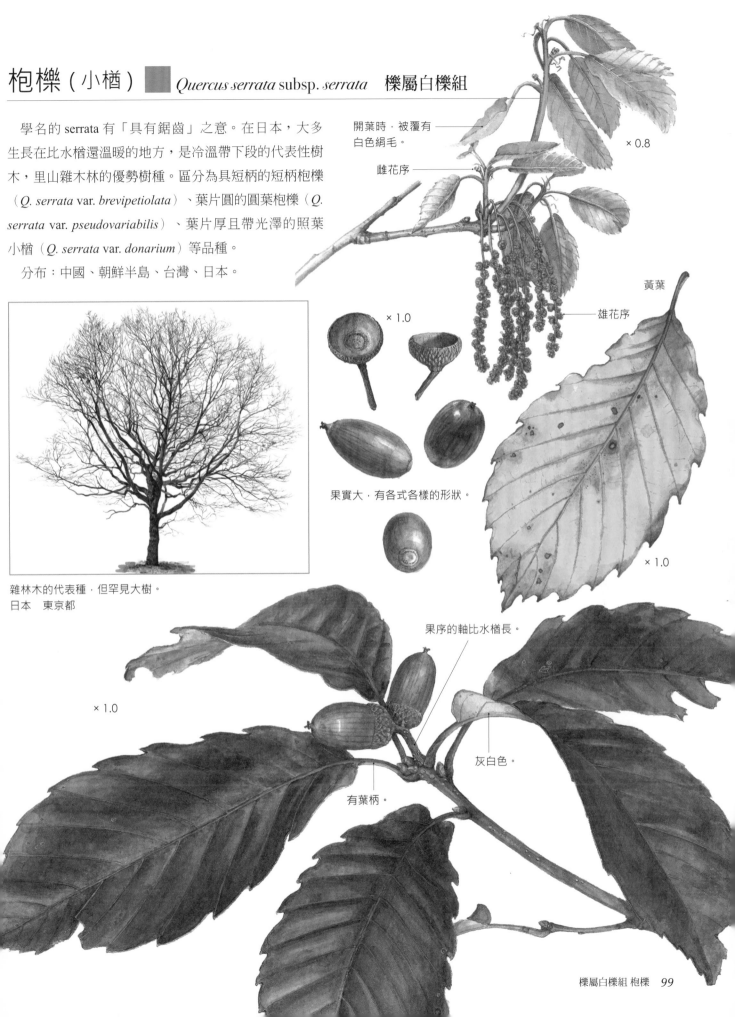 *Quercus serrata* subsp. *serrata*　櫟屬白櫟組

　　學名的 serrata 有「具有鋸齒」之意。在日本，大多生長在比水楢還溫暖的地方，是冷溫帶下段的代表性樹木，里山雜木林的優勢樹種。區分為具短柄的短柄枹櫟（*Q. serrata* var. *brevipetiolata*）、葉片圓的圓葉枹櫟（*Q. serrata* var. *pseudovariabilis*）、葉片厚且帶光澤的照葉小楢（*Q. serrata* var. *donarium*）等品種。

　　分布：中國、朝鮮半島、台灣、日本。

開葉時，被覆有白色絹毛。

雌花序

× 0.8

× 1.0

雄花序

黃葉

果實大，有各式各樣的形狀。

× 1.0

雜林木的代表種，但罕見大樹。
日本　東京都

果序的軸比水楢長。

× 1.0

灰白色。

有葉柄。

歐洲、非洲的橡實

歐洲，自希臘文明前的古老時代，

水青岡與橡樹即為森林豐饒與強健的象徵。

少了這些結有橡實的樹木，

將無法訴說歐洲的文化、文明。

× 1.0

× 1.0

嫩枝與橡實。

夏櫟（英國櫟）

愛爾蘭　奧法利郡

× 1.0

葉背　　　　　　　　　葉面

英國　倫敦郊外

歐洲水青岡 ■ *Fagus sylvatica* 水青岡屬

　　學名 sylvatica 有「森林的」之意。又稱"森林之母",
是歐洲落葉闊葉樹林的代表性樹木。性喜肥沃的土地。
葉片、殼斗、果實與日本的水青岡相似。在東歐看到的
水青岡優勢森林,明亮而清新,是許多野生生物的住所。

　　分布:瑞典南部以南的歐洲全區與土耳其。本種分布
區域的東側、黑海與裏海沿岸,則分布有其他種東方水
青岡(*Fagus orientalis*)。

本葉

子葉比日本的
水青岡大。

× 1.0

× 1.0

× 1.0

× 1.0

殼斗

× 1.0

開裂成 4 瓣的殼斗與 2 顆果實。

黃葉　× 1.0

× 1.0

葉背的脈上有毛。

葉背

葉面

× 1.0

園藝種羊齒葉水青岡的葉子。

前往世界遺產里拉的寺院途中看到的大樹。寺院座落在水青岡
的森林之中。
保加利亞　丘斯滕迪爾州

土耳其櫟  *Quercus cerris* 櫟屬麻櫟組

　　學名的 cerris，拉丁語指的是本種，很可能是源自於原始印歐語中帶有「硬」之意的 kar-。與日本產的麻櫟同為櫟屬麻櫟組，殼斗的鱗片相當長。顧名思義，在土耳其國內很常見，高達 30m 的巨木種在田地與住家前相當雄偉。生長地廣泛且成長較快，但材質遠不及歐洲水青岡。落葉樹。

　　分布：義大利半島與巴爾幹半島、土耳其、敘利亞、黎巴嫩、伊朗、阿富汗。

鱗片長而捲曲。

× 1.0

× 0.6

細長的果實。

葉緣深裂。

× 1.0

× 1.0

深綠色。

有密毛。　葉背　　　　葉面

田中悠然聳立的一棵巨木。
土耳其　安塔利亞

馬其頓櫟  *Quercus trojana*　櫟屬麻櫟組

　　學名有「特洛伊之櫟」的意思。葉片小，與
麻櫟一樣細長，帶有針狀的鋸齒。結有巨大氣派的
橡實。生長在比較乾燥的地方。顧名思義，特洛伊的遺
跡內有本種的大樹。落葉樹或常綠樹。

　　分布：義大利東南部、巴爾幹半島、土耳其西部。

× 1.0

鱗片厚、尖銳。

芽為小型。

× 1.0

葉面

葉背

先端凹陷。

× 1.0

葉片兩面皆無毛。

在山中結有許多大而圓的果實。
土耳其　伊斯帕爾塔

波斯櫟 ▨ *Quercus brantii* 櫟屬麻櫟組

　　學名的 brantii，是取自於土耳其埃爾祖魯姆的領事，曾採集中東庫德斯坦地區之植物的詹姆斯·布蘭特（James Brant）。葉片與殼斗的型態變異大，已區分出多個變種。耐乾燥與高溫，也可生長在年降雨量 400mm 左右的地方。果實可用作人類或家畜的食材，大殼斗則可從中提取單寧。聚集在包含本種在內的櫟屬樹上的蚜蟲，其排泄物（甘露）厚厚的附著在葉片與枝條上，形成白色的乾燥物，被稱為 manna，糖分多而甜。據說這是出自舊約聖經中，上帝給予離開埃及的猶太人的食物 manna。落葉樹。

　　分布：土耳其、敘利亞、伊拉克、伊朗。

土耳其產　× 1.0

× 0.75

伊朗產
× 1.0

細長尖頭的果實。

× 1.0

殼斗呈逆圓錐形，鱗片捲曲。

葉背有腺毛。

為了收穫橡實，派人管理的樹木呈灌木型。
土耳其　馬爾丁

大鱗櫟　*Quercus ithaburensis* subsp. *macrolepis*　櫟屬麻櫟組

　　學名的 ithaburensis 是取自於以色列的聖山塔博爾山（Mount Tabor），亞種名的 macrolepis 則有「大鱗片」之意。如同亞種名所示，殼斗的大鱗片饒富特徵，相當美麗。此巨大殼斗稱為 vaniola，可用於染色與皮鞣革的丹寧原料，現在也具有商品價值（p.110）。樹冠渾圓的落葉性小高木。

　　分布：義大利東南部、巴爾幹半島南部、愛琴海諸島、土耳其、敘利亞。

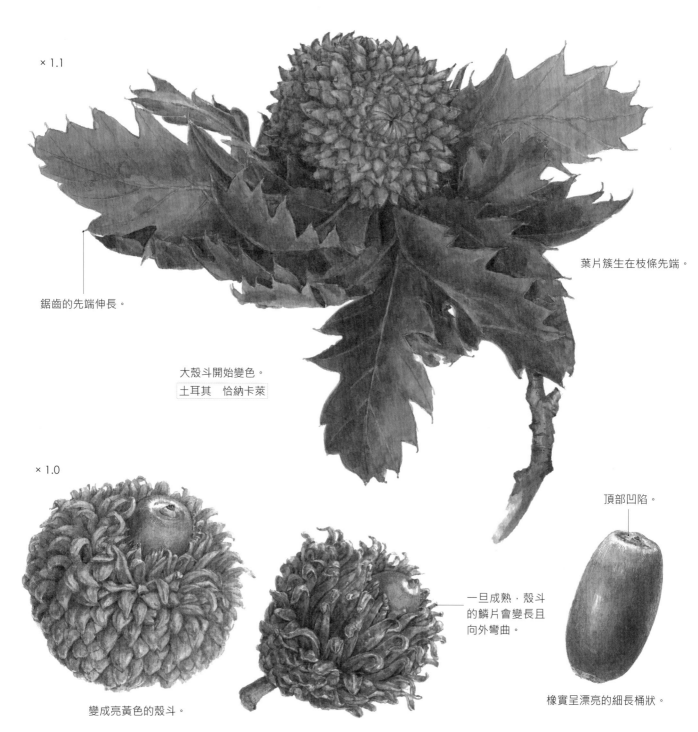

× 1.1

鋸齒的先端伸長。

葉片簇生在枝條先端。

大殼斗開始變色。
土耳其　恰納卡萊

× 1.0

頂部凹陷。

一旦成熟，殼斗的鱗片會變長且向外彎曲。

變成亮黃色的殼斗。

橡實呈漂亮的細長桶狀。

× 0.75

最初的幾對葉
片是對生。

× 1.0

有毛。　　　　　　　無毛。

葉背　　　　　　葉面

樹下長有原種仙客來與尖刺的薊，彷彿在守護著山腳下的村落般聳立著。
土耳其　安塔利亞

西班牙栓皮櫟 ■ *Quercus suber*　櫟屬麻櫟組

　　學名的 suber 有軟木的意思。因厚實樹皮可採集軟木原料而聞名。生長在地中海性氣候的乾燥地區，葉片小，葉背密集被覆白毛。生長緩慢但可長成大樹，長壽，樹齡可達 250 年以上。無論是野生或植栽都受到細心的管理。常綠樹。

　　分布：葡萄牙、西班牙、義大利、法國西南部、摩洛哥、阿爾及利亞、突尼西亞。

× 1.0

密生白毛。

葉面　　　　葉背

× 1.0

葉片硬，大多帶有波浪狀的弧度。

× 1.0

× 1.0

鱗片細長。

根長得很長。

樹齡 20 ～ 25 年以上之樹幹的樹皮，每 8 ～ 10 年剝離作為軟木的材料。

樹皮剝離後雖然看似紅腫劇痛，但過了幾年就會再生。

西班牙栓皮櫟的大樹。　西班牙　埃斯特雷馬杜拉

軟木應用與黑豬放養覓食橡實

全世界的橡實家族中，對人類而言最重要的種，應該就屬西班牙栓皮櫟了吧！自然的分布區域為地中海沿岸地區。

軟木產量與產值第 1 名的國家是葡萄牙，占了全世界的一半。第 2 名是西班牙，光這兩個國家就占了全世界 80%。尤其在葡萄牙，西班牙栓皮櫟由政府嚴格控管，即使是所有者也不可隨意採伐。軟木樹皮的利用始於腓尼基與希臘時代，政府的保護規制則是始於 14 世紀。

2008 年為了看圓葉櫟（p.112）和西班牙栓皮櫟，特地前往西班牙的埃斯特雷馬杜拉。當地酷熱、嚴寒，氣候非常乾燥，原本就只有遍布矮木生長的荒地和低矮草原，除了栽種樹木之外，並不適合栽培農作物。

西班牙栓皮櫟在樹齡 20 ～ 25 年左右會開始被剝取樹皮。之後以 8 ～ 10 年一次的間隔持續剝皮 200 年。初次剝取的樹皮，割痕深且凹凸明顯，無法作為良好的原料，主要用於洋蘭等著生用的園藝資材。被剝掉樹皮的軟木樹幹一開始會呈現皮膚色，不久即會滲血泛紅，傷口像結痂搬逐漸轉為深褐色，然後再生。

說個題外話，基督教的十二門徒中有一位名為巴多羅買的聖人。他被活活剝皮殉道後，受到皮革鞣製職人所信仰。埃斯特雷馬杜拉的教會常見此像，是否也與剝取軟木樹皮有關呢？

剝取下來的樹皮會依目的分類，堆疊置放在戶外半年左右。樹液會在這段期間去除，藉此提升軟木的品質。接著用乾淨的水煮沸，整平使其乾燥後，切碎沖壓成筒狀，製作酒瓶用的軟木塞。沖壓殘留的細粉殘渣，用接著劑混合成型後用於建材、家具材、板材等處，毫不浪費地徹底運用。

當初我從日本出發時，曾擔心是否能順利看到已剝除樹皮的西班牙栓皮櫟，結果證明根本是杞人憂天。反倒是要找到未遭剝皮的樹木還比較困難。另外，埃斯特雷馬杜拉也以飼養伊比利黑豬、出產生火腿聞名。黑豬寶寶一出生就離乳，暫時以人工飼養的方式培育，出生後 2 個月左右放牧，在外自由覓食吃天然食物長大。

夏天過後，早熟的橡實（p.125 的葡萄牙橡樹等）開始從樹上掉落，黑豬們即可大啖這些橡實。從 10 月開始到 11 月，圓葉櫟終於開始掉落，這些橡實也可供黑豬們享用。美味且營養豐富，一天若吃 8kg 的橡實，體重似乎也會增加 8kg。這段期間長到 160kg 到 180kg 重的豬，品質最為優秀，大部分會用來製作生火腿「伊比利亞火腿」（Jamón Iberico de bellota，bellota 即橡實的意思）。

圓葉櫟的橡實掉光後，輪到西班牙栓皮櫟開始掉落，剩下的豬就吃這些橡實長肉。只不過，西班牙栓皮櫟的橡實不怎麼好吃，因此肉的品質相對較差。重量長到基準的豬，會用作肉品或火腿，但是等級相對下降。結有鮮甜美味橡實的圓葉櫟，據說是人類與家畜從冬青櫟（p.111）的鮮美橡實精挑細選的結果。

氣候嚴峻，不適合農業的土地，能夠變成培育出最高級生火腿與高品質軟木的地方，是因為人類、家畜與橡樹相互利用，共榮共生建構而成的良好關係。對環境友善，堪稱是最佳的農林業系統。（德永／撰）

正在運送剝取下來之軟木樹皮的樣子。
西班牙　埃斯特雷馬杜拉

在放牧場自由行動的伊比利黑豬。
西班牙　埃斯特雷馬杜拉

從殼斗科植物採集單寧做應用

　　單寧，是植物體內普遍蘊含的多酚（分子內具備多個苯酚性氫氧基的植物成分總稱），有各式各樣的種類。茶、酒、柿子的苦澀味，都是因為單寧所致。原本是植物在進化初期，為了防止遭昆蟲或動物啃食而產生的物質。與蛋白質結合會產生變性的性質，也稱為一種毒性。

　　單寧 tannin 的 tan，有"鞣皮"和"日曬"的意思，表示自古以來利用蛋白質轉變的性質來鞣皮。除此之外，人類也會利用單寧來染色或製作顏料、替酒或威士忌增添顏色或風味、防腐或防水等各式用途。單寧是水溶性的化合物，因此將植物體浸泡在水或熱水中即可溶解出來。單寧與鹼或金屬離子起作用會變成不溶性的物質，具有讓顏色變黑或變深的性質。還有，含有單寧的植物用作食品時，必須將單寧去除，這方面的技術也有所進展。

　　殼斗科植物，有許多種類的橡實、殼斗、蟲癭、樹皮含有大量單寧，在殼斗科植物分布區域的北半球，各地皆會採集單寧加以利用。

　　歐洲用於鞣皮原料最有名的，是分布在地中海沿岸的大鱗櫟（p.106）的殼斗。殼斗連同橡實一起採集，之後再將兩者分離，經過日曬乾燥後加以利用。在利用的全盛期（18世紀中左右～19世紀初），最高品質的殼斗和小麥幾乎等價。即便到了產量減少的 1934 年，產地希臘仍留有出口 1 萬 4000 噸殼斗的紀錄。

　　製作名為鐵膽墨水這類黑色墨水時，也是大量利用附著在櫟樹枝條先端的渾圓蟲癭。蟲癭乾燥後磨成粉使其溶於水，加鐵後變成黑色，再加入少量的阿拉伯膠（Gum arabic）使其變成墨水。羅馬時期就已經使用，直到 20 世紀後半科學合成的墨水普及為止，一直被廣泛使用。

　　日本自古以來，就已經使用櫟、苦櫧等樹的橡實、殼斗、樹皮、樹葉來染色，完成效果極佳的紺黑色"橡"染。此處的橡，在日本是櫟的古名。橡染主要是用來染庶民的衣服，在《萬葉集》（日語詩歌總集）總共有 6 首詩歌中出現。舉例來說，「人皆云橡染　黃褐衣裳適於著　穿之而太平　自吾聽聞此言時　亦有所思欲著之（橡の衣は人皆事なしと言ひし時より着欲しく思ほゆ）」這首歌，便是將心儀的女孩比喻成"橡染衣裳"，有「雖然不起眼，但大家都稱讚她是一位好姑娘，我也非常在意她」的意思。（德永／撰）

採集 *Quercus ithaburensis subsp. macrolepis* 的殼斗與橡實。在樹下鋪墊子，用長棍敲落。　希臘　凱阿島（相片提供：Marcie Mayer Maroulis）

把採集的殼斗與橡實，在墊子上攤平曬乾。希臘　凱阿島（相片提供：Marcie Mayer Maroulis）

冬青櫟 ■ *Quercus ilex* 櫟屬冬青櫟組

學名的 ilex 在拉丁語意指本種。冬青科冬青屬的學名也是 *Ilex*。地中海沿岸硬葉樹林的代表性樹木之一，會長成高木。長壽，有樹齡推定達 1000 年以上的樹木。經常萌芽。與下一頁介紹的 *Quercus rotundifolia* 是近緣。葉片有各種形狀與大小。常綠樹。

分布：西班牙的部分地區、法國到土耳其西部的地中海沿岸地區。

◆西班牙產
加泰隆尼亞
× 1.0

根長得很長。

× 1.0

有的果實會變成深褐色。

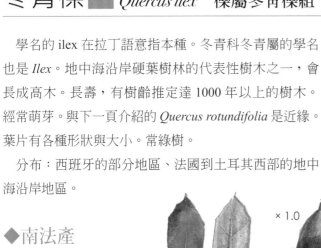

◆南法產
普羅旺斯
× 1.0

× 1.0

× 1.0

密生白毛。

小型有尖銳鋸齒的葉片。

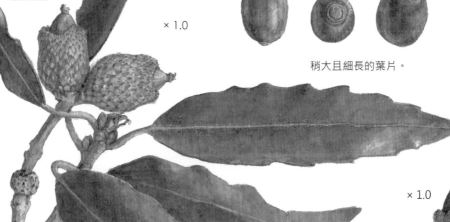

◆英國產
里奇蒙
× 1.0

× 1.0

稍大且細長的葉片。

× 1.0

殼斗深，包覆一半以上的橡實。

圓葉櫟 ▎*Quercus rotundifolia*　櫟屬冬青櫟組

　　與冬青櫟是近緣，因此有的會將其納入亞種。種小名的 rotundifolia 有「圓葉」之意。顧名思義，葉片小而圓，鋸齒會形成尖刺。與冬青櫟相比，橡實內含的單寧較少因此較無苦味，稱得上甘甜。美味的橡實單純是因為經過篩選而殘留下來的，並非是刻意改良出來的品種。具代表性的西班牙名產伊比利豬，就是本種橡實飼養出來的豬。常綠樹。

　　分布：葡萄牙、西班牙、非洲大陸西北部。

× 1.25

雄蕊

雄花序

雄花

× 1.0

密生白毛。

× 1.0

同一棵樹有各式各樣
的葉片形狀。

× 1.0

放牧場中的樹全都長成這種樹型。　西班牙　埃斯特雷馬杜拉

黃金橡葉櫟 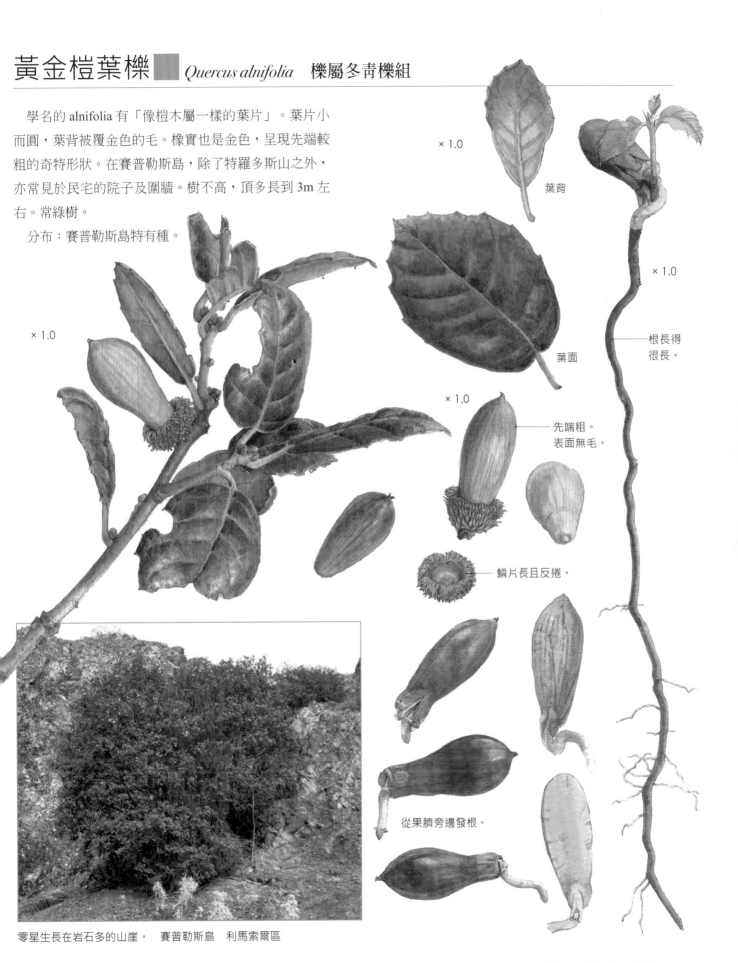 *Quercus alnifolia*　櫟屬冬青櫟組

　　學名的 alnifolia 有「像榿木屬一樣的葉片」。葉片小而圓,葉背被覆金色的毛。橡實也是金色,呈現先端較粗的奇特形狀。在賽普勒斯島,除了特羅多斯山之外,亦常見於民宅的院子及圍牆。樹不高,頂多長到 3m 左右。常綠樹。

　　分布:賽普勒斯島特有種。

×1.0

葉背

×1.0

葉面

×1.0

根長得很長。

×1.0

先端粗。
表面無毛。

鱗片長且反捲。

從果臍旁邊發根。

零星生長在岩石多的山崖。　賽普勒斯島　利馬索爾區

　　學名的 aucheri，是取自 19 世紀在巴爾幹半島、中近東地區採集植物的法國人皮埃爾·馬丁·雷米·奧徹·埃洛伊（Pierre Martin Remi Aucher-Éloy）。葉片小且帶有銳利尖刺，與下一頁的胭脂蟲櫟很像，差別在於本種的葉背長滿灰色的毛。樹不高，大多為 2m 左右的矮木。也是從果臍附近發根的種。常綠樹。

　　分布：愛琴海諸島到土耳其西南部的特有種。

× 1.0

× 0.9

× 1.0

× 1.0

從果臍旁邊發根。

左邊為本種，右邊為胭脂蟲櫟。感情很好地並排生長。
土耳其　安塔利亞

胭脂蟲櫟 ▮ *Quercus coccifera* 櫟屬冬青櫟組

學名的 coccifera 有「胭脂蟲著生」之意。是因為著生在此樹上的胭脂蟲，可提取用作毛織品的紅色高級染料胭脂紅（緋紅色）。只不過，現在已改用其他原料製作染料，因而不太受到重視。在荒地，為了防止人類或動物的入侵而形成群生。矮木，葉片與殼斗小且帶有銳利尖刺，具有抗家畜採食的耐性。常綠樹。

分布：從西邊的葡萄牙、摩洛哥，到東邊的土耳其、巴勒斯坦，廣泛分布於地中海沿岸地區。

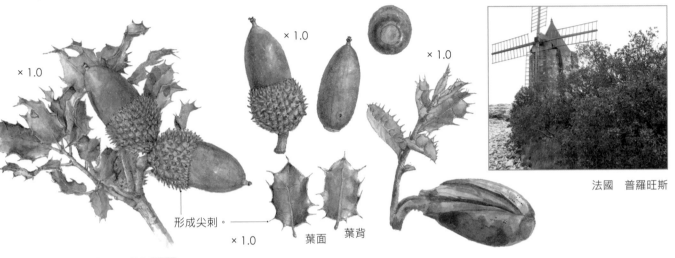

× 1.0

× 1.0

× 1.0

× 1.0

形成尖刺。

× 1.0

葉面　葉背

法國　普羅旺斯

巴勒斯坦櫟 ▮ *Quercus calliprinos* 櫟屬冬青櫟組

學名的 calliprinos 有「美麗的櫟樹」之意。與胭脂蟲櫟是近緣，經常被歸為同種，不過本種的橡實較大，且會長成高木。別名聖地櫟。常綠樹。

分布：土耳其南部到以色列的地中海沿岸東部、賽普勒斯島。

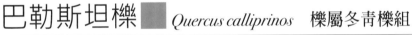

× 1.0

× 1.0

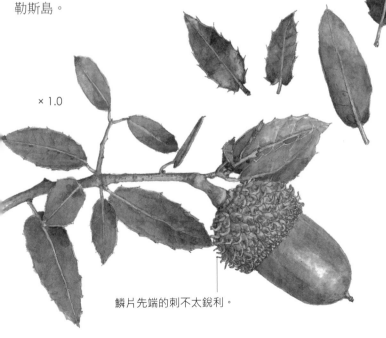

× 1.0

鱗片先端的刺不太銳利。

賽普勒斯　尼克西亞

本都櫟  *Quercus pontica*　櫟屬本都櫟組 (Section Pontica)

　　學名的 pontica，是源自於黑海南岸東部的地名本都 pontus。本都，在希臘化時代曾是個蓬勃發展的王國，現在隸屬土耳其共和國。側脈有 20 ～ 30 對的大葉片是本種的特徵。與分布在離黑海相當遠的北美西岸的鹿櫟（*Quercus sadleriana*，p.158）是近緣，分類學上由這 2 種構成本都櫟組。落葉樹。

　　分布：土耳其西北部、亞美尼亞、喬治亞西部。

× 1.0

葉背呈粉白色。

鱗片薄。

芽大。

葉柄粗。

法國　貝格勒近郊
×1.2

類似枇杷的巨大葉片。

表面為深綠色。

夏櫟（英國櫟、歐洲白櫟） *Quercus robur* 櫟屬白櫟組

　　學名的 robur 有「強壯結實」之意。歐洲冷溫帶地區的代表性櫟樹。以長壽巨大而聞名，亦稱為森林之王。樹圍超過 10m 的大樹比比皆是，甚至還有歷史名畫中的樹持續活到現在的例子。材質堅硬結實且加工容易，常用於建築材料、造船材料及其他各式用途，直到製鐵技術的發展而使鐵普及化之前，持續支撐著歐洲文明的發展。落葉樹。

　　分布：從南邊的巴爾幹半島、土耳其，到北邊的斯堪地那維亞半島南部，西邊的葡萄牙到東邊的俄羅斯西部的歐洲全區，以及伊朗。

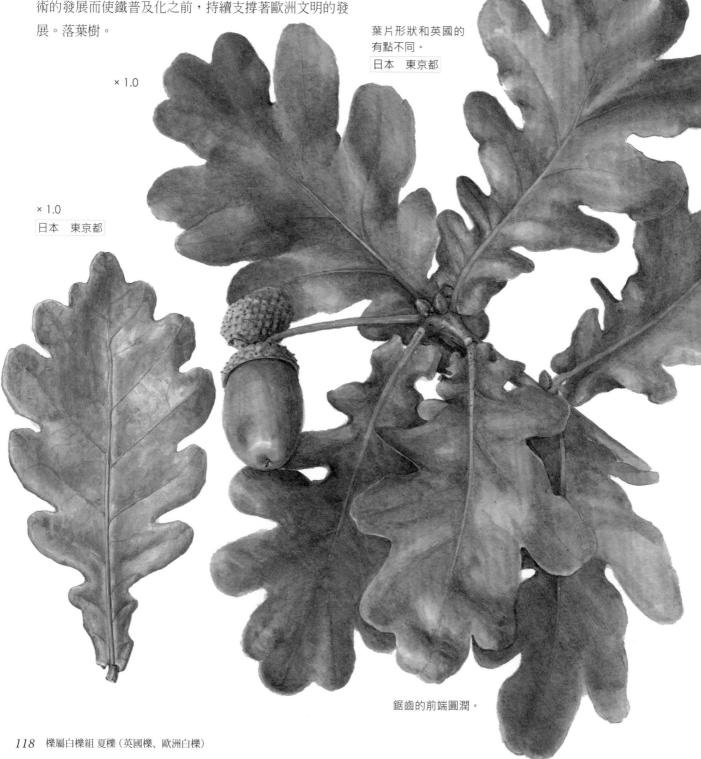

葉片形狀和英國的有點不同。

日本　東京都

× 1.0

× 1.0

日本　東京都

鋸齒的前端圓潤。

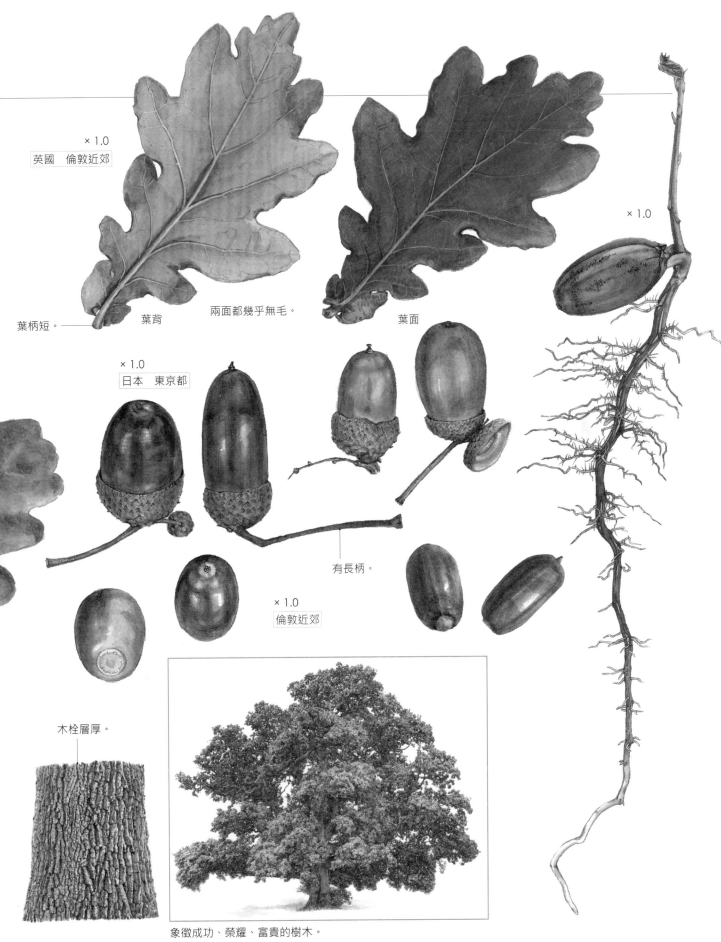

× 1.0
英國　倫敦近郊

葉柄短。 葉背 兩面都幾乎無毛。 葉面

× 1.0

× 1.0
日本　東京都

有長柄。

× 1.0
倫敦近郊

木栓層厚。

象徵成功、榮耀、富貴的樹木。
愛爾蘭　奧法利郡

岩生櫟（無梗花櫟） ▦ *Quercus petraea* 　櫟屬白櫟組

學名的 petraea 有「生長在岩壁」之意。與夏櫟（p.118）
相似，但是殼斗幾乎沒有柄，因此也稱為 "無梗花櫟
（sessile oak）"。與夏櫟一樣分布在歐洲全區，顧名思
義，性喜砂質土壤等貧瘠土地。樹幹筆直高大，故可作
為良材。被用來製作酒、威士忌的酒桶。落葉樹。

　分布：整個歐洲到伊朗。

× 1.0

幾乎沒有柄。

× 1.1

兩面幾乎都沒有毛。

葉柄長。

葉面

× 1.0

法國　普羅旺斯

葉背

× 1.0

雌花序

× 1.0

芽集中在先端。

冬芽
× 1.0

學名的 rosacea 有「紅色的」之意。夏櫟與岩生櫟的自然雜交種，因此與上述兩種一樣，幾乎分布在整個歐洲地區。型態與生態的性質也介於兩者之間。落葉樹。

分布：整個歐洲地區。

× 1.0

× 1.0

× 1.0

有短柄。

葉面

葉背

羅馬尼亞　普拉霍瓦

沒食子櫟 Quercus infectoria subsp. *veneris*　櫟屬白櫟組

　　學名的 infectoria 有「感染」之意，veneris 乃「維納斯女神」之意，也有性病的意思。是
Quercus infectoria 的亞種，與母種相比，葉脈較多，鋸齒較銳利。嫩枝處因為癭蜂（*Gall wasps*）
而頻繁形成蟲癭，櫟癭（馬來語稱 Manjakani）可治療陰道感染，自古即被用來製成藥品或墨水。
可長成高大樹木。半常綠樹。

　　分布：賽普勒斯以及土耳其南部到伊朗、伊拉克的中近東地區。

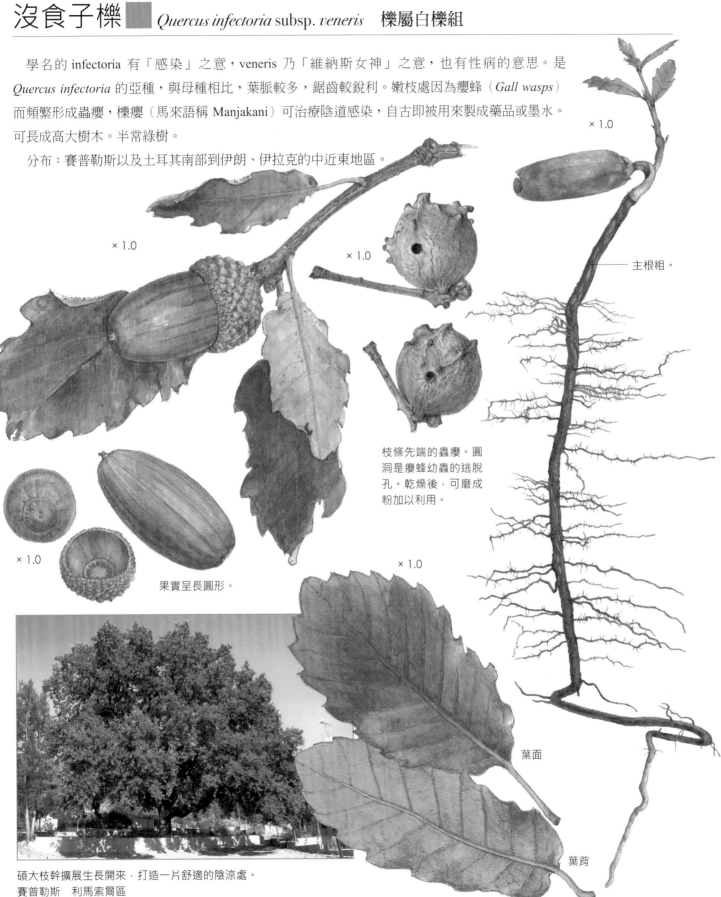

× 1.0

× 1.0

× 1.0

× 1.0

主根粗。

枝條先端的蟲癭。圓
洞是癭蜂幼蟲的逃脫
孔。乾燥後，可磨成
粉加以利用。

× 1.0

果實呈長圓形。

葉面

葉背

碩大枝幹擴展生長開來，打造一片舒適的陰涼處。
賽普勒斯　利馬索爾區

毛櫟 ▇ *Quercus pubescens*　櫟屬白櫟組

學名的 pubescens 有「被覆軟毛」之意。這是因為春天的嫩葉，兩面都被柔軟全白的軟毛覆蓋，因此稱為毛櫟（絨毛般的櫟）。另外，在普羅旺斯地區稱為「白櫟」。長壽可長成高大樹木。生長在夏季乾燥的亞地中海性氣候。落葉樹或半常綠樹。

　　分布：西班牙北部到裏海西岸的歐洲中南部、土耳其。

× 1.0

× 1.0

葉片深裂，形狀變異大。

果實為小型。

× 1.0

葉背

在夏天，葉片的白毛大多會掉光。

葉面

風禿山山腳下的路邊。　法國　普羅旺斯

葡萄牙橡樹 ◼ *Quercus faginea*　櫟屬白櫟組

　　學名的 faginea 意指水青岡屬，雖然意思是葉片與水青岡相似，但其實並不太像。耐寒冷乾燥的氣候，性喜石灰質土壤。木材可用作薪或建材，橡實除了作為豬的飼料，有時也會用來栽培盆栽。落葉樹或半常綠樹。

　　分布：葡萄牙、西班牙、阿爾及利亞、摩洛哥。

先端會形成尖刺。

× 1.0

× 1.0

鱗片有毛。

庇里牛斯櫟 ◼ *Quercus pyrenaica*　櫟屬白櫟組

　　學名的 pyrenaica 雖然指的是庇里牛斯山，但在庇里牛斯山其實很罕見。這是因為物種記載基準的標本採集標籤是錯的。垂直分布範圍廣（海拔 0 ～ 2100m），在葡萄牙是主要的林業樹木。落葉樹。

　　分布：法國西南部、西班牙、葡萄牙、摩洛哥。

× 1.0

× 1.0

頂部平坦。

× 1.0

嫩枝及嫩葉大多有白毛。

被覆黃褐色的毛。

殘留束生的毛。

阿爾及利亞櫟  *Quercus canariensis*　櫟屬白櫟組

　　奇妙的是，即便本種並未分布在加那利群島，學名卻給了一個意指「加那利群島」的 canariensis。據說原因在於，當初德國植物學家卡爾‧路德維希‧韋爾登諾（Carl Ludwig Willdenow）在 1875 年記載本種時，所使用的標本採集地名有誤；另一說法則是他的學生亞歷山大‧范‧洪堡（Alexander von Humboldt）在加那利群島探險時，留下了「發現櫟屬」的紀錄，雖然當時的確有

分布，但之後已絕種。具有大寬葉，性喜濕潤溫和的氣候。落葉樹或半常綠樹。

　　分布：葡萄牙南部、西班牙、突尼西亞、阿爾及利亞、摩洛哥。

× 1.0

× 1.0

鱗片的先端
稍長。

法國　貝格勒近郊

× 1.0

上圖是法國栽培的。雖然與下圖阿爾及利亞產的葉片形狀有極大差異，但其實是同種。葉片的形狀與大小有極大變異。

山腳下有許多西班牙栓皮櫟，半山腰則有許多本種。
阿爾及利亞　吉傑勒

葉面　　　　　葉背

葉背的脈上有毛。
阿爾及利亞　吉傑勒

非洲櫟 ▨ *Quercus afares* 櫟屬白櫟組

學名的 afares 有「非洲的」之意。本種，是櫟屬中唯一的非洲大陸特有種。雖被認定為獨立的種，但已知原本是源自親緣關係較遠的2種，也就是麻櫟組的西班牙栓皮櫟（常綠樹）與白櫟組的阿爾及利亞櫟（落葉樹）的雜交種。橡實成熟需耗費2年、殼斗的鱗片長，這些特徵與西班牙栓皮櫟相似，但是葉片屬落葉性，葉片的性質較接近阿爾及利亞櫟。具耐寒性，生長在非洲北部亞特拉斯山的部分地區。落葉樹。

分布：阿爾及利亞、突尼西亞。

× 1.0

鱗片長得很長。

× 1.0

未成熟的果實。

葉背具白毛。

× 1.0

葉片比阿爾及利亞櫟的葉片小，細長帶有鋸齒。

葉面

葉背

在標高比上頁相片地點更高的地方有許多本種。
阿爾及利亞　吉傑勒

美洲的橡實

美洲大陸中，有種類相當繁多的橡樹，
且生長在平原、山脈、沙漠、低濕地等
不同的地方。
不管是原住民的人們，
或是晚到的殖民者們，
都靠這些橡樹作為後盾生活著。

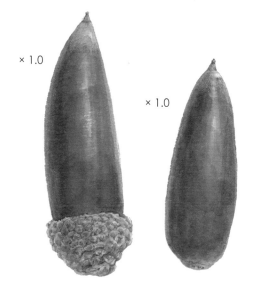

× 1.0

× 1.0

加州白櫟的橡實

× 1.0   × 1.0

× 1.0

加州白櫟的樹型
美國　加州

北美水青岡 ■ *Fagus grandifolia* 水青岡屬

　　學名的 grandifolia 有「大葉片」之意。相較於日本和
歐洲的水青岡，葉片較大且側脈多，帶有鋸齒。雖是北
美代表性的落葉闊葉樹，卻不太會自成單一優勢樹種，
而是與糖楓等其他多樣的落葉樹與針葉樹混生。從根部
萌芽。分布區域廣泛故變異大。圖中畫的殼斗與果實比
較小。下頁的墨西哥山毛櫸經常被視為本種的亞種。

　　分布：從南邊的美國德克薩斯州及佛羅里達州，直達
北部的加拿大南部，廣泛分布於北美大陸東部。

× 0.8

× 1.0

本葉

子葉

葉面

葉背

× 1.0

殼斗與果實。

× 1.0

脈上殘留長毛。

美國　密蘇里州

墨西哥山毛櫸  *Fagus mexicana* 水青岡屬

　　學名有「墨西哥的水青岡（山毛櫸）」之意。也有將其視為北美水青岡的亞種。與北美水青岡相比，葉片較小且細長。因周邊環境的開發導致生長地縮小，讓人擔憂恐將面臨滅種危機。落葉樹。

　　分布：墨西哥特有種。分布在東馬德雷山脈的雲霧帶。

× 1.0

× 1.0

殼斗與果實。

冬芽細長而尖。

× 1.0

葉面

葉背

生長在多霧森林。　墨西哥　維拉克魯茲州

高大三棱櫟  *Colombobalanus excelsa* 美洲三棱櫟屬

全世界 3 種三棱櫟類的其中一種。有的也將其納入廣義三棱櫟屬。學名的 Colombobalanus 有「哥倫比亞的橡實」之意，是因為本種在 1979 年發現於南美的哥倫比亞。excelsa 則有「崇高化」的意思。與分布在東南亞熱帶山地的三棱櫟（p.12）相似，但差別在於葉片和花序較大，且葉片互生。常綠樹。

分布：哥倫比亞安地斯山脈特有種。

× 1.0

× 1.0

果實和水青岡相似。

哥倫比亞　波哥大植栽

葉片厚。

× 0.5

葉面

葉背的葉脈隆起。

葉背

× 0.5

黃金北美矮栗樹　*Chrysolepis chrysophylla* var. *minor*　金鱗栗屬

　　學名的 Chrysolepis 有「金色鱗片」之意，chrysophylla 則有「金色葉片」之意。承名變種的 *Chrysolepis chrysophylla* 會長成高木，但是本變種分布在乾燥地區，為矮木。具有和栗相似的帶刺殼斗。其內部隔出 3 個以上的房間，每　　　　　　　個房間各住 1 顆橡實。

　　小小的栗子模樣看起來很好吃，因此鳥和野生動物會來搶食。常綠樹。

　　分布：美國奧勒岡州到加州中部沿岸地區特有種。

× 1.0

根部比地上莖長很多。

× 1.0

有棱角。

× 1.0

葉緣往葉背捲曲。

葉背　　　葉面

主根粗而長。

去除一半的殼斗。　美國　加州

× 1.0

尚未成熟的殼斗。

美國　加州

灌木金鱗栗 ■ *Chrysolepis sempervirens*　金鱗栗屬

學名的 sempervirens 有「常綠」之意。樹高 2～3m 的矮木，分布在比黃金北美矮栗樹更靠內陸的高海拔地區。常綠樹的葉片較小且先端圓。

分布：美國奧勒岡州到加州中部山地特有種。

×1.0

×1.0

×1.0

葉面

×1.0

葉背

密生金色的毛。

被刺包覆的殼斗內部分隔成 3 個以上的房間，分別住有 1 顆果實。

雄花

雌花

×1.0

雌雄同花序

雄花

生長在前往滑雪場的路旁。留有殘雪，葉背的金色毛把雪弄髒成黃色。　美國　加州

矮栗子 ■ *Castanea pumila*　栗屬

學名的 pumila 有「矮性」之意，樹高至多達 10m 左右。
包覆尖刺的殼斗小，直徑頂多 3cm，開裂後，裡面有一
顆渾圓的橡實。橡實雖小，但可食用，口感甜。落葉樹。

分布：從美國的德克薩斯州東部到佛羅里達州北部、
賓夕凡尼亞州南部。

× 1.0

與日本的栗樹相比，
葉片較寬。

× 1.0

葉面

葉背

日本　東京都　植栽

探討美國栗樹的大量死亡

北美的栗樹有 3 種，自生。其中
又以美國栗（*Castanea dentata*）為
最，以往在東部的落葉廣葉樹林帶
占有廣大的分布區域，數量可觀，
曾是最普遍的樹木。成長快且會長
成高大樹木，每年結的果實，會成
為眾多動物與鳥類的食物，支撐森
林的生態系。其木材與果實，對原
住民及後來的殖民者也很有用，是
非常重要的樹木。

遺憾的是，我不得不以過去式的
形式撰寫，是因為現在已瀕臨絕種
狀態。原因在於日本產的栗樹苗木，

帶進名為栗樹枝枯病的病原菌孢
子，並且在整個北美擴散開來的緣
故。20 世紀初開始的 50 年間，推
測有超過 30 億棵美國栗樹病死。亞
洲產的栗樹在漫長的進化史中，獲
得了對抗此病原菌的抗體，但是美
國栗樹並沒有，因而造成嚴重的疫
情擴散。

美國栗樹的大量死亡，不光是人
類，對森林的生態系也造成極大的
影響。松鼠、老鼠、鹿、火雞等動
物急速銳減，以栗樹果實作為幼蟲
食物的昆蟲也因此絕種。反之，粗

壯的枯木大量產生，導致啄木鳥與
蝙蝠短時間突然增加。栗樹的木材
不容易腐壞，現在森林中仍豎立著
被稱為幽魂的老朽枯木。栗樹枯死
後，取而代之的是櫟樹類等其他樹
種。雖然嘗試培育遺傳性上可有效
對抗栗樹枝枯病菌的品種，但仍無
法使栗樹復活。在北美大陸，人類
造成生物滅亡的著名例子，是遭過
度捕捉而絕種的旅鴿，而美國栗樹
的大量死亡，也是我們應該牢牢記
取教訓的重大事件。（原 正利／撰）

密花石櫟  *Notholithocarpus densiflorus* 假石櫟屬

學名 notholithocarpus 意思為「與石櫟相似」，densiflorus 則有「密集生長的花朵」之意。分類學上，雖然曾被納入石櫟屬，但在 2008 年已記載為新屬。橡實及殼斗與櫟屬相似。會長成高木，混生在紅杉林中，但分布在內陸的頂多長成矮木，被區分為變種 var. *echinoides*。本種的橡實，是居住在靠太平洋之美國原住民的主要食物來源。另外，本種的俗名為 Tanoak，顧名思義，其樹皮蘊含大量的丹寧，在美國開拓時期大量用於鞣皮。常綠樹。

分布：美國奧勒岡州南部到加州沿海地區。

雄花

雌花

× 1.1

葉和莖皆有許多毛。

渾圓殼斗結有長圓形的果實。

美國　加州

× 1.0

葉片厚且硬。

葉面

嫩葉有毛，之後會轉為無毛。

葉背

殘留黃褐色的密毛。

根相當長。

× 0.9

× 1.0

鱗片細，反捲。

有黃白色的毛。

橡實結果時期也會開花。　美國　加州

× 1.0

北美紅櫟 ■ *Quercus rubra* 櫟屬紅櫟組 (Section Lobatae)

學名的 rubra 有「紅色」之意。是櫟屬紅櫟組代表性的種，在北美產的橡樹中分布最北的種。會長成高大樹木，紅葉期整棵樹都會轉紅。生長快速，且材質堅硬結實，廣泛用於各式用途。橡實相當苦澀。落葉樹。

分布：廣泛分布於加拿大東南部、美國中東部的溫帶地區。

美麗的紅葉。

× 1.0

葉面

本葉

鱗片葉

葉片有鋒利的缺裂，鋸齒尖。

日本　東京都　植栽

英國　皇家植物園邱園

日本　東京都

殼斗厚。

× 1.0

× 0.95

美國
馬里蘭州

德克薩斯櫟 Quercus texana 櫟屬紅櫟組

　　學名有「德克薩斯的櫟樹」之意。英文名稱為 Nuttall oak，是取自於 19 世紀活躍於美國的植物學家托馬斯·納托爾（Thomas Nuttall）。與沼生櫟（p.142）及北美紅櫟（p.138）相似，分類學上曾有好長一段時間相當混亂。

　　分布：美國中南部的密蘇里河下游與周邊的低地。

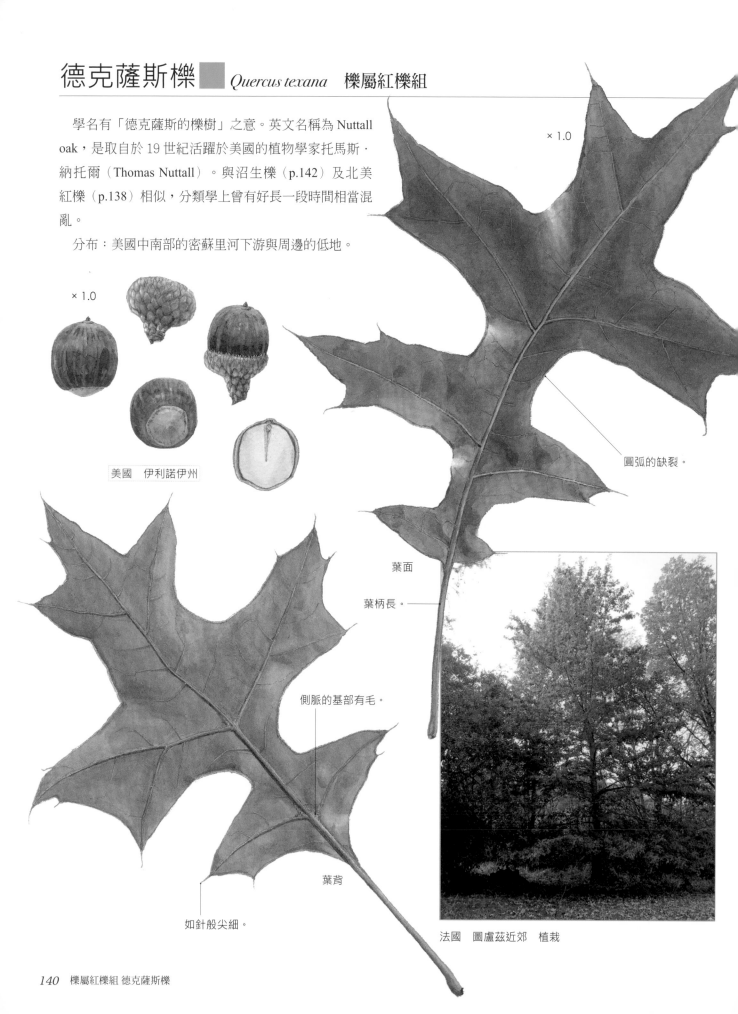

× 1.0

× 1.0

圓弧的缺裂。

美國　伊利諾伊州

葉面

葉柄長。

側脈的基部有毛。

葉背

如針般尖細。

法國　圖盧茲近郊　植栽

南方紅櫟 ■ *Quercus falcata*　櫟屬紅櫟組

　　學名的 falcata 有「宛如鐮刀」之意，是將本種奇特的葉片形狀比喻為古代的刀劍 Falcata。別名西班牙櫟，是因為美國東南部舊西班牙領土內有許多本種的緣故。常綠樹。

　　分布：德克薩斯州東部以東、紐約州南部以南的美國東南部。

有各種形狀的葉片。

× 1.0

× 1.0

有黃白色的毛。

葉背　　　　　葉面

有黃白色的毛。

先端尖細。

美國　維吉尼亞州

葉面　　　　葉背

沼生櫟 ■ *Quercus palustris* 櫟屬紅櫟組

　　學名的 palustris 有「沼澤、濕地」之意。顧名思義，生長在季節性淹水的平地。另外，英文名稱 pin oak，是因為長有許多短針般的短枝。是成長快速的先驅種，壽命以櫟類來說偏短，不到 100 年。落葉樹。

　　分布：奧克拉荷馬州東北部到麻薩諸塞州的美國中東部。

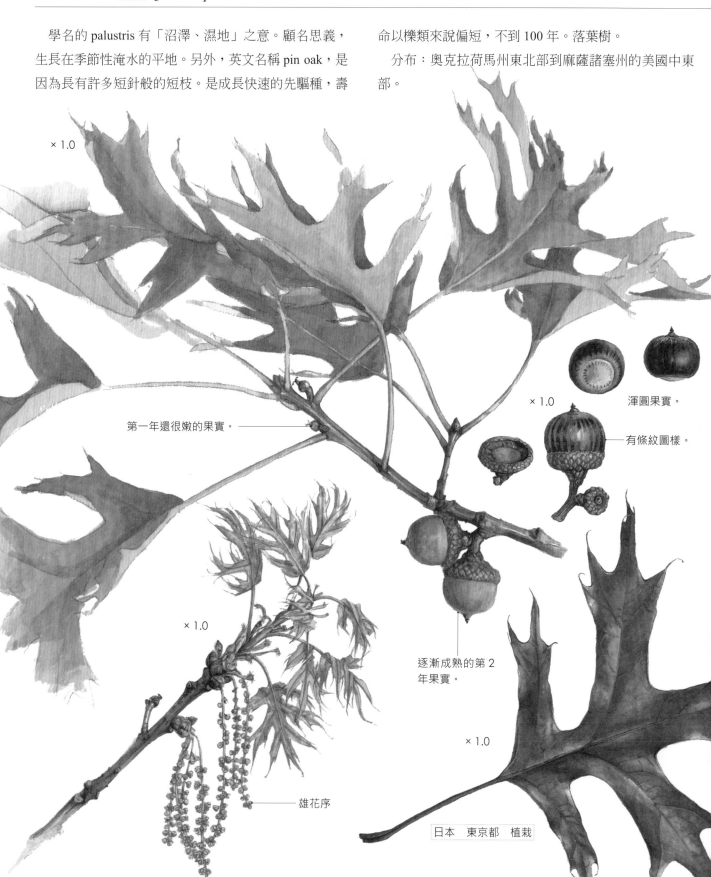

× 1.0

第一年還很嫩的果實。

× 1.0

渾圓果實。

有條紋圖樣。

逐漸成熟的第 2 年果實。

× 1.0

雄花序

× 1.0

日本　東京都　植栽

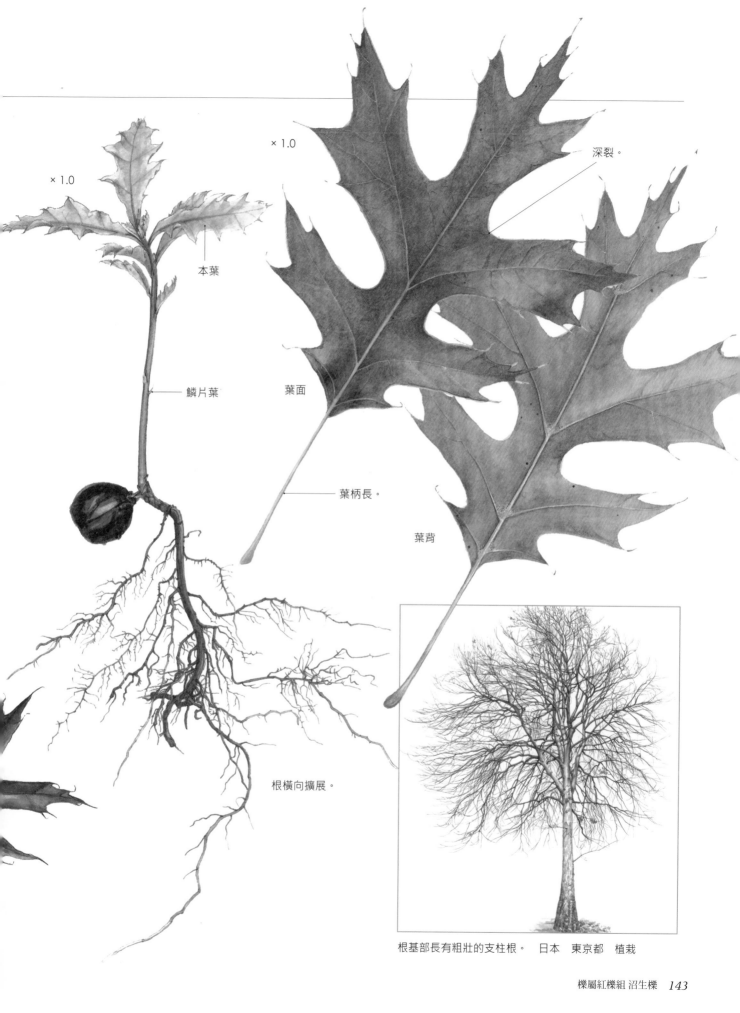

× 1.0

× 1.0

深裂。

本葉

鱗片葉

葉面

葉柄長。

葉背

根橫向擴展。

根基部長有粗壯的支柱根。　日本　東京都　植栽

加州黑櫟 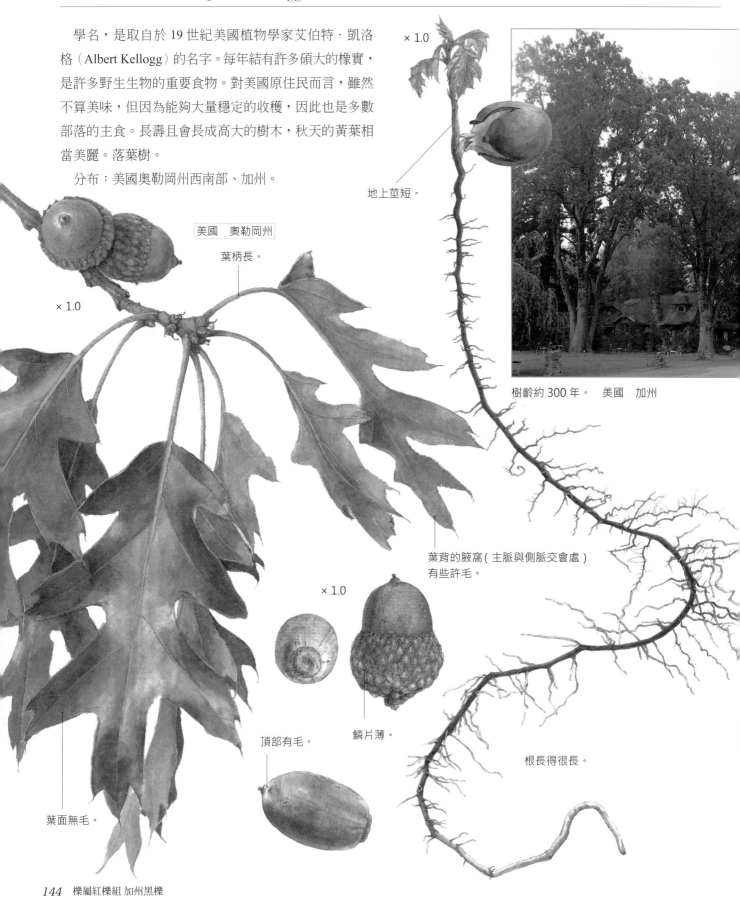 *Quercus kelloggii* 櫟屬紅櫟組

學名，是取自於 19 世紀美國植物學家艾伯特・凱洛格（Albert Kellogg）的名字。每年結有許多碩大的橡實，是許多野生生物的重要食物。對美國原住民而言，雖然不算美味，但因為能夠大量穩定的收穫，因此也是多數部落的主食。長壽且會長成高大的樹木，秋天的黃葉相當美麗。落葉樹。

分布：美國奧勒岡州西南部、加州。

× 1.0

地上莖短。

美國　奧勒岡州

葉柄長。

× 1.0

樹齡約 300 年。　美國　加州

葉背的腋窩（主脈與側脈交會處）有些許毛。

× 1.0

鱗片薄。

頂部有毛。

根長得很長。

葉面無毛。

加州海岸櫟 Quercus agrifolia 櫟屬紅櫟組

學名的 agrifolia 有「野生的葉子」之意。細長先端尖的橡實是其特徵。美國原住民會將此橡實去除澀味後磨成粉，經常食用。下方的圖，是變種之一的 var. oxyadenia，葉背有白毛。常綠樹。

分布：美國加州西部、墨西哥西部的沿岸地區。

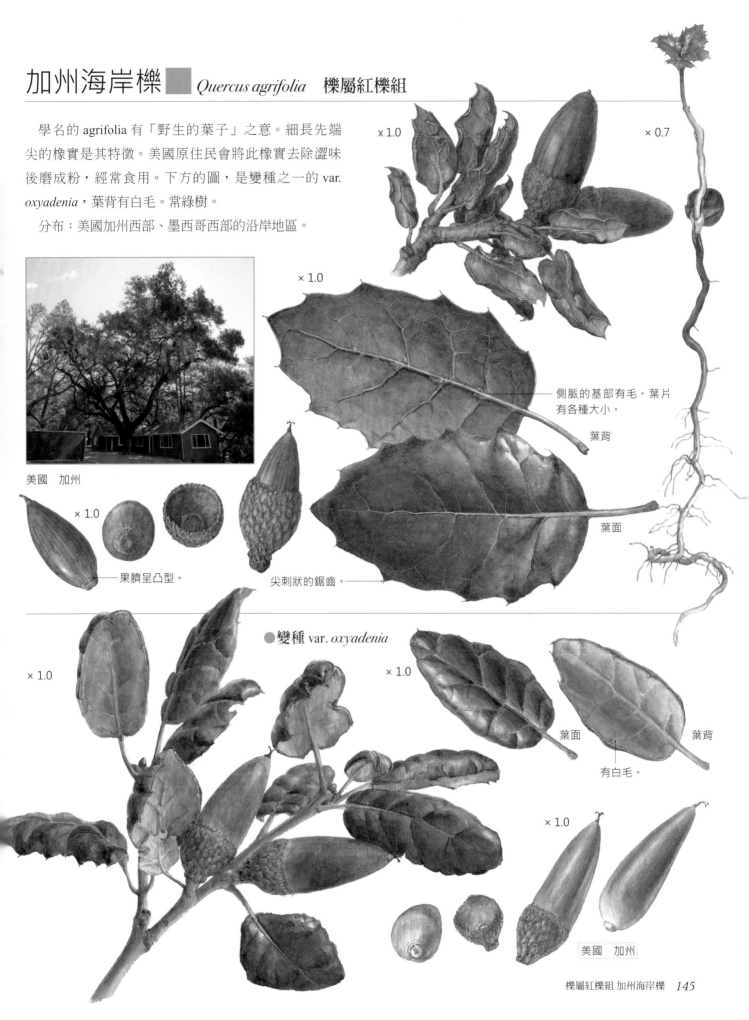

× 1.0

× 0.7

× 1.0

側脈的基部有毛。葉片有各種大小。

葉背

葉面

美國　加州

× 1.0

果臍呈凸型。

尖刺狀的鋸齒。

●變種 var. oxyadenia

× 1.0

× 1.0

葉面

葉背

有白毛。

× 1.0

× 1.0

美國　加州

柳葉櫟 ▦ *Quercus phellos* 櫟屬紅櫟組

　　學名的 phellos 有「柳葉」之意。顧名思義，如同柳葉般的細長葉片及小橡實是其特徵。生長在沖積地，常見於水道旁。具有圓形樹冠的高大樹種。經常被種植在公園等綠地作為景觀樹。落葉樹。

　　分布：德克薩斯州東部以東、紐約州南部以南的美國（佛羅里達半島除外）。

×1.0　美國　德拉瓦州

葉面

葉背

×1.0

果實小而圓，有直條紋。

內陸櫟 ▦ *Quercus wislizeni* 櫟屬紅櫟組

　　學名，是取自於 19 世紀生於德國的醫生、植物學家，曾到墨西哥、美國西南部、巴拿馬等地進行採集旅行的弗里德里希・阿道夫・維斯利澤納斯（Friedrich Adolph Wislizenus）。常綠性的高樹或矮木，是乾生的矮木林（硬葉常綠矮木林）的主要種之一。變異大讓植物學家也倍感困擾。此外，會和加州海岸櫟及加州黑櫟雜交。

　　分布：美國加州、墨西哥北部。

×1.0

殼斗呈深碗形。

×1.0　先端細。

×1.0

先端形成小尖刺。

葉片硬，全緣或長出鋸齒。

美國　加州

葉背

葉面

左側的粗木是加州海岸櫟，相鄰的 3 根枝幹的樹則是本種，兩種經常混生。

艾氏櫟 ■ *Quercus emoryi*　櫟屬紅櫟組

學名，是取自於曾在德克薩斯州進行調查的測量技師威廉·海姆斯利·艾默里（William H. Emory）。橡實會在開花年的秋天結果。橡實和葉片都屬於小型。生長在乾燥的內陸山地，會長成高木。常綠樹。

分布：美國亞里桑納州、新墨西哥州、德克薩斯州西部、墨西哥北部。

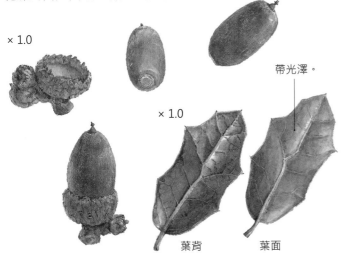

× 1.0

× 1.0

帶光澤。

葉背　　葉面

生長在乾燥地，周圍盡是草地與矮木。　美國　亞利桑那州

南美巴塔哥尼亞發現的苦櫧屬化石

2019 年，有項關於殼斗科植物起源的大發現，讓全世界的植物學家大為震驚。那就是從南美阿根廷、巴塔哥尼亞高原約 5200 萬年前（早第三紀始新世初期）的地層，發現判定為苦櫧屬葉片、殼斗、果實的化石。只不過，為何這是植物學的大發現呢？雖然是有點艱深的話題，但還是來稍作說明。

現在世界各地的生物相，是受到覆蓋地球表面之厚實岩盤的移動、分裂、合併所產生的海陸形狀變化的劇烈影響，歷經數億年的漫長歲月所形成的（參照 p.178）。現在地球的生物相，尤其是植物相，北半球（歐亞大陸和北美）與南半球（南美、澳洲、非洲）有極大的差異。另一方面，歐亞大陸和北美雖然隔著海，但植物相的共通性高，南美、澳洲、非洲的植物相也可見共通點。這被認為是在中生代的侏羅紀～白堊紀，地球上的大陸劃分為北邊的勞拉西亞（Lartasia）和南邊的剛瓦納（Gondwanaland）這兩塊大陸，之間相隔特提斯洋這片細長海洋的時代所留存下來的。歐亞大陸（德國除外）與北美是勞拉西亞大陸的一部分，南美、非洲、澳洲、印度、南極則是剛瓦納大陸的一部分。

現在，殼斗科的植物，從在北半球各地形成森林、生態系的觀點來看，可知其為相當重要的植物群，但在南半球幾乎沒有分布（哥倫比亞與新幾內亞），也沒有發現化石。也因此，殼斗科植物可說是勞拉西亞大陸起源的植物群代表。橡實因其重量較少透過風或鳥來搬運，陸地若無銜接則無法拓展分布範圍。

現在，苦櫧屬分布在亞洲的熱帶與亞熱帶地區，並如同本書所介紹的分化成各式各樣的種。北美和歐洲的古地層雖然有發現化石，但被認為已經絕種，所以從南美大陸南部的古代地層發現化石才會讓人如此驚訝。發現的化石，與日本的円椎相似，具有約 1.5cm 的渾圓殼斗，裡面有 1 顆果實，葉片細長且側脈多，和栗及櫟很像。從發現的大量葉片化石，可推測出曾形成森林。

如果這些化石確實為殼斗科，那麼以往殼斗科植物起源與分化的相關說明，將被迫大幅修正，藉此也可重新檢視全世界植物相的起源與歷史。期待今後的研究與進展。（原正利／撰）

粗毛櫟 ▨ *Quercus hirtifolia* 櫟屬紅櫟組

學名的 hirtifolia 有「長有長毛的葉片」之意。是 2004 年才記載為新的一個種。矮木或是小高木。常綠樹。

分布：墨西哥的東馬德雷山脈特有種。

× 1.0

× 1.0

葉背

葉面

× 1.0

墨西哥　普埃布拉

果實一年成熟。

粗的葉脈像血管般隆起。

葉柄短。

墨西哥櫟 ▨ *Quercus mexicana* 櫟屬紅櫟組

學名有「墨西哥的櫟樹」之意。細小的葉片是其特徵。橡實在開花的隔年結果。生長在高海拔、寒冷乾燥的嚴苛環境。落葉樹或半常綠樹。

分布：墨西哥南部山地特有種。

× 1.0

墨西哥　普埃布拉

× 1.0

× 1.0

果實小而圓。

有白色星狀毛。

葉面

葉背

Quercus gulielmi-treleasei　櫟屬紅櫟組

學名的 gulielmi-treleasei，是取自於密蘇里植物園園長與美國植物學會第一任會長威廉‧崔麗絲（William Trelease，Gulielmus 是 William 的拉丁語）。具有短柄及碩大披針形葉片等特徵的常綠樹。

分布：巴拿馬和哥斯大黎加的山地林。

哥斯大黎加　聖荷西

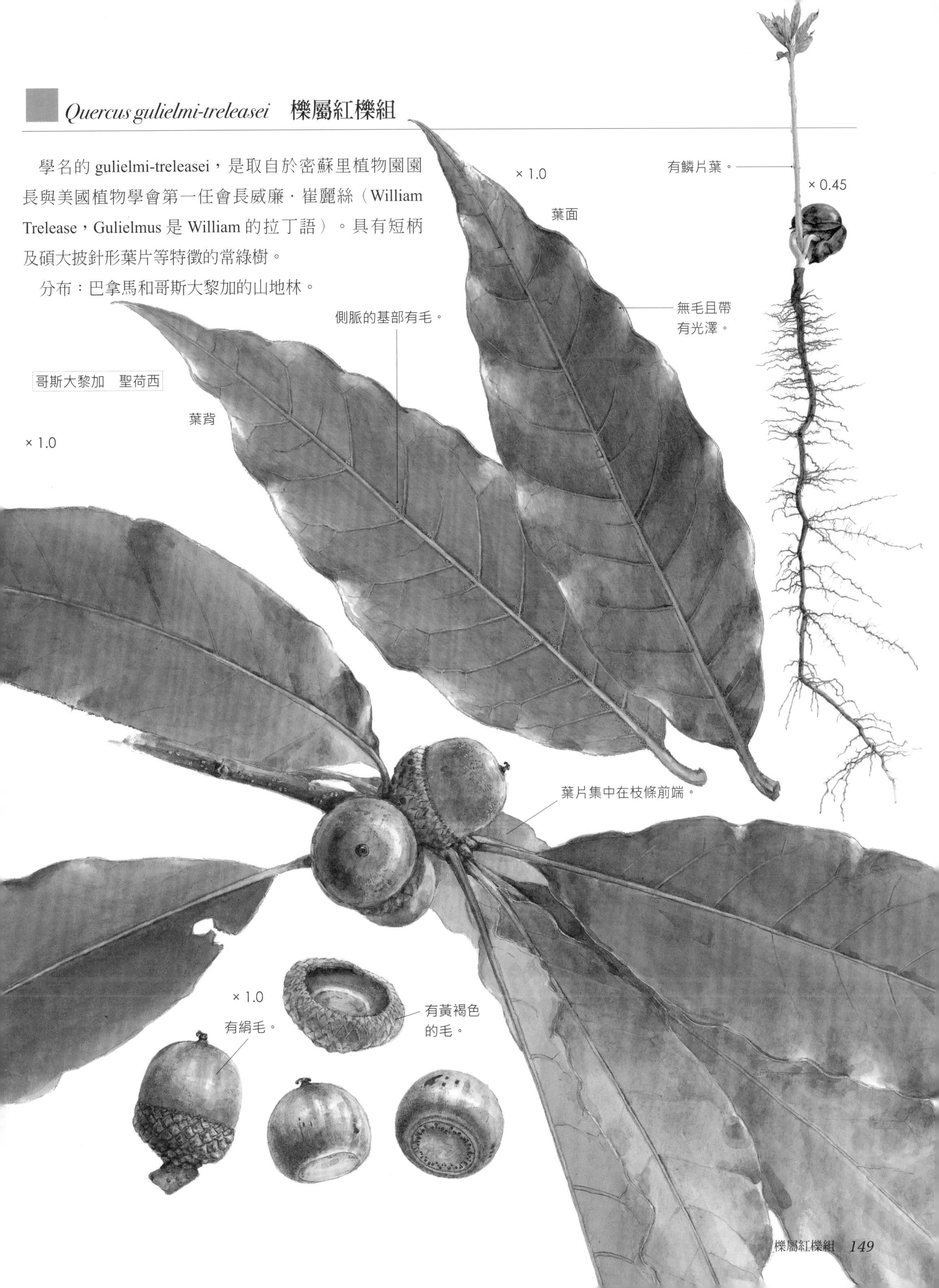

× 1.0

× 1.0

葉面

葉背

側脈的基部有毛。

有鱗片葉。

× 0.45

無毛且帶有光澤。

葉片集中在枝條前端。

× 1.0

有絹毛。

有黃褐色的毛。

哥斯大黎加櫟　*Quercus costaricensis*　櫟屬紅櫟組

學名 costaricensis 的由來是因其產地為中美的哥斯大黎加。
分布在標高 2200 ～ 3300m 的濕潤熱帶山地。大橡實與厚實且
皺紋多的葉片是其特徵，可長成樹高 40m 以上的大樹。
材質難以做細部加工，但抗菌力強不易腐爛，經常用於
船材或橋材等與水接觸的物品。常綠樹。

分布：哥斯大黎加、巴拿馬。

× 0.75

× 1.1

× 1.0

沿著葉背的主脈殘有
淡褐色的毛。

× 1.0

先端凹陷。

果臍呈凸型。

葉背

表面的側脈有
明顯的凹痕。

成熟後殼斗
會打開。

葉面

Quercus seemannii　櫟屬紅櫟組

學名的 seemannii，是取自於德國植物學家，曾廣泛調查南美與太平洋地區植物的貝特霍爾德‧卡爾‧基曼（Berthold Carl Seemann）。本種有許多近緣種，被認為和這些種製成複合體 species complex。常綠樹。

分布：墨西哥到巴拿馬的中美山地。

× 1.0

有光澤。葉片兩面都無毛。

葉面

× 1.0

果實顆顆分明。

葉背

哥斯大黎加　聖荷西

Quercus eugeniifolia　櫟屬紅櫟組

學名的 eugeniifolia，是因為葉片與桃金孃科番櫻桃屬（*Eugenia*）相似的緣故。與本頁上半的 *Quercus seemannii* 為近緣，葉片細長且側脈數也多。常綠樹。

分布：墨西哥到巴拿馬的中美山地。

葉片細，先端尖。

× 1.0

× 1.0

墨西哥　瓦哈卡

葉面

葉背

哥倫比亞櫟 ![] *Quercus humboldtii* 櫟屬紅櫟組

　　學名的 humboldtii，是取自於在南美探險後寫下巨作《宇宙（*Cosmos*）》而著名的亞歷山大・范・洪堡 (Alexander von Humboldt)。可長成直徑 1m、樹高 25m 的大樹。橡實是 2 種稀有鳥類紅肩鸚哥（*Hapalopsittaca pyrrhops*）與紅臉鸚鵡（*Hapalopsittaca amazonina*）喜歡的食物。本種的優勢山地林，因開發而使面積大幅減少，這些鳥類也瀕臨絕種。常綠樹。

　　分布：分布於拿馬南部到哥倫比亞安地斯山脈，形成新大陸上殼斗殼植物的分布南限。

細長葉片集中在枝條的前端。

幼嫩果實被殼斗完全包覆。

× 1.0

葉緣呈波浪狀。

殘有綿毛。

葉面無毛且帶有光澤。

× 1.0

主脈有葉背隆起。殘有綿毛。

葉背

× 1.0

先端尖。

果臍平坦且大。

× 0.6

主根粗。

樹齡約 200 年左右。在波哥大的街上也被種植為行道樹。
哥倫比亞　波哥大

維吉尼亞櫟 ■ *Quercus virginiana* 櫟屬常綠櫟組 (Section Virentes)

學名是因為產地為美國維吉尼亞州。也稱為"活櫟（live oak）"的常綠樹。實際上在早春、準備發芽前，幾乎所有的葉片都會凋落。本種被納入櫟屬常綠櫟組（以前是包含在櫟屬紅櫟組），與此組的其他種相同，實生的根呈塊莖狀，根切片後油炸，口感就像炸薯片。耐潮風和颱風故壽命長，具有橫向擴展之樹冠的巨木。

分布：美國東南部。

× 1.0

果臍小。

兩端細。

鼓成塊莖狀。

× 1.0

× 1.0

帶有光澤。

具各式各樣的葉片形狀。

葉面

葉面

葉背

葉背

密集被覆白毛。

枝幹往橫向拓展生長。　美國　喬治亞州

Quercus oleoides 櫟屬常綠櫟組

學名的 oleoides，是因為葉片與木犀科木犀欖屬（*Olea*）相似的緣故。生長在具嚴酷乾旱期的中美熱帶季節林，為主要優勢樹種。常綠樹或半常綠樹。

分布：墨西哥到哥斯大黎加的中美低地。

幼嫩果實。

× 1.0

× 1.0

葉緣往葉背反捲。

葉片全緣或長出些許鋸齒。

哥斯大黎加　瓜納卡斯特

葉背的葉脈隆起。

貯藏橡實的鳥類

如果在樹木繁茂的地方聽到橡樹啄木鳥的鏗鏗聲，或是松鴉發出的 JayJay 叫聲，幾乎可以肯定附近絕對有橡樹。

在樹幹上鑿洞後將橡實塞入貯藏的，正是著名的橡樹啄木鳥。加州大學曾做過詳細的研究，並非只有加州有這種鳥。北美西部有橡樹的地方，幾乎就有牠們的蹤跡。在加州，許多樹木結有看似容易啃食的尖頭子彈型橡實，或許也會吸引許多橡樹啄木鳥前來覓食。

貯藏橡實的地方並不侷限於樹幹。住家的屋簷、牆壁、電線杆等處，舉凡能夠鑿洞的木製品，全部都可以藏。也曾聽聞一早發現臥室外牆被鑿了洞，急忙起床驅趕鳥兒的事件。

橡樹啄木鳥貯藏的橡實數量，會左右隔年哺育的幼鳥數量，雖然仰賴橡實為生，但對橡樹毫無幫助。被藏在樹幹內的橡實，即便運氣好被吃剩下來，乾燥後也無法發芽。

反觀同為鳥類的松鴉們，會將橡實埋在土裡，忘了吃的橡實便有機會發芽。有些松鴉甚至會將橡實搬運到遠處埋起來。對橡實來說，松鴉是重要的夥伴。（德永／撰）

口中塞滿橡實準備運送的冠藍鴉。

峽谷櫟 (金帽櫟) ■ *Quercus chrysolepis*　櫟屬金杯櫟組 (Section Protobalanus)

　　學名的 chrysolepis 有「金色的鱗片」之意。葉面和殼斗的表面被覆金色的星狀毛。在北美的櫟屬中，是種內變異最大的種，葉片和果實有各式各樣的形狀。生長在溪谷旁的陡坡或土壤薄的岩礫地。常綠樹。

　　分布：美國奧勒岡州西南部到墨西哥北部的北美西南部。

× 1.0

葉面

葉面

× 0.75

有白色頭皮屑般的毛。

葉背

× 1.0

果實完全成熟後會變成黑褐色。

葉緣有些許鋸齒。

根長得很長。

美國　加州

× 1.0

頂部殘留有毛。

殼斗從厚的到薄的都有。無柄。

殼斗被覆金色的毛。　美國　加州

沙漠櫟（帕爾默櫟） *Quercus palmeri* 櫟屬金杯櫟組

學名是取自於植物學家兼考古學家愛德華·帕爾默（Edward Palmer）。橡實成熟時，殼斗大多會大大的開展。葉片小，邊緣有銳利尖刺，觸摸會痛。生長在乾燥地。具有無性繁殖擴展的性質，壽命長。生長在美國加州朱魯帕谷的個體，推測樹齡為 1 萬 3000 年。是當前已知最長壽的生物。常綠樹。

分布：美國加州、亞利桑那州、墨西哥西北部。

× 1.0

先端細。

× 1.0

被覆橘色的腺毛。

殼斗呈現彷彿將墨西哥帽的寬邊帽緣外翻的有趣形狀。

溫暖乾燥的亞利桑那州的高地有許多本種。
亞利桑那州　塞多納

× 1.0

銳利尖刺。

葉面

葉背

山頂上的，據說是從相同根系生長之最長壽的沙漠櫟樹（紅圈部分）。
美國　加州

鹿櫟 *Quercus sadleriana*　櫟屬本都櫟組

　　學名的 sadleriana，是取自於蘇格蘭植物學家約翰·桑德勒（John Sadler）的名字。生長在明亮斜坡上，樹高 3m 以下的矮木，透過地下莖拓展叢生。和栗屬相似的葉片是其特徵。與分布在遙遠高加索山地的本都櫟（p.116）為近緣，這兩種都被認為是保有古老性質的遺存種。雖然是落葉樹，但枯葉到隔年春年為止都不會凋落。

　　分布：分布在美國加州邊境的克拉馬斯錫斯基尤地區（此處分布許多黃杉屬等溫帶性針葉樹的其他遺存種）。

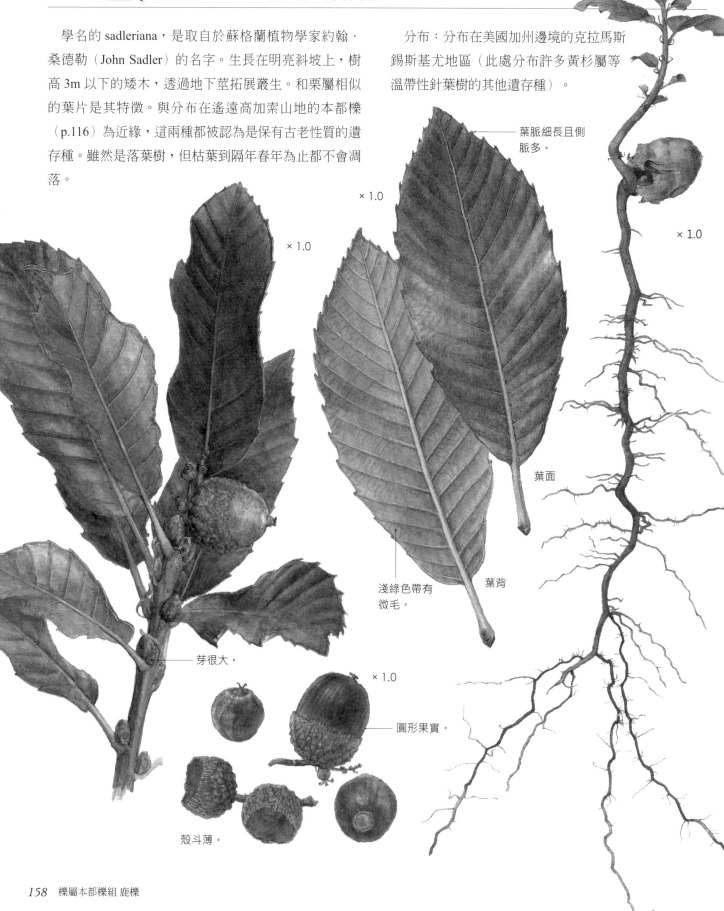

葉脈細長且側脈多。

× 1.0

× 1.0

× 1.0

葉面

淺綠色帶有微毛。

葉背

芽很大。

× 1.0

圓形果實。

殼斗薄。

穆勒櫟 Quercus cornelius-mulleri 櫟屬白櫟組

學名，是取自於曾研究北、中美殼斗科的植物學家科爾內利烏斯・赫爾曼・穆勒（Cornelius Herman Müller）。葉片極小且鋸齒葉緣帶尖刺，葉背密生白色的毛。橡實也非常小，堪稱世界最小。生長在乾燥地區的常綠性或半常綠性矮木。

分布：美國加州東南部與墨西哥（下加利福尼亞半島）。

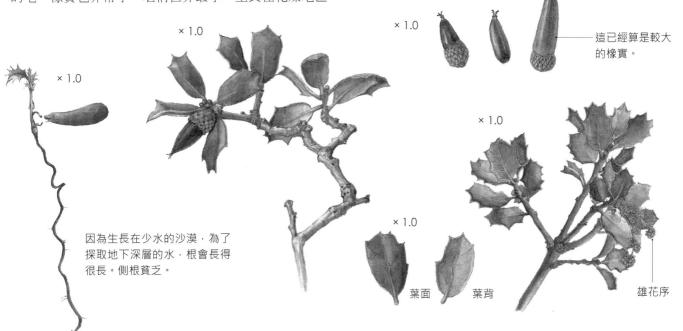

× 1.0

× 1.0

× 1.0

這已經算是較大的橡實。

× 1.0

× 1.0

因為生長在少水的沙漠，為了探取地下深層的水，根會長得很長。側根貧乏。

葉面　　葉背

雄花序

生長在岩壁縫隙。營養缺乏、環境嚴苛的沙漠地帶，葉片與橡實也只能長成小小的模樣。
美國　加州

美洲白櫟  *Quercus alba* 櫟屬白櫟組

　　學名的 alba 有「白色」之意，是因為木材的顏色。北美的櫟屬白櫟組中具有代表性的種，葉緣深裂、先端圓弧的葉片是其特徵。北美分布最廣的種之一。長壽，樹高可達 30m。木材極有用處，幾乎可用在所有地方，尤其特別適合用來製作酒桶。橡實的澀味少，是野生動物的良好食材。落葉樹。

　　分布：加拿大東南部、美國中東部的溫帶地區。

嫩枝與嫩葉附著紅色的毛。

× 1.0

× 1.0

葉面

葉背

粉白色

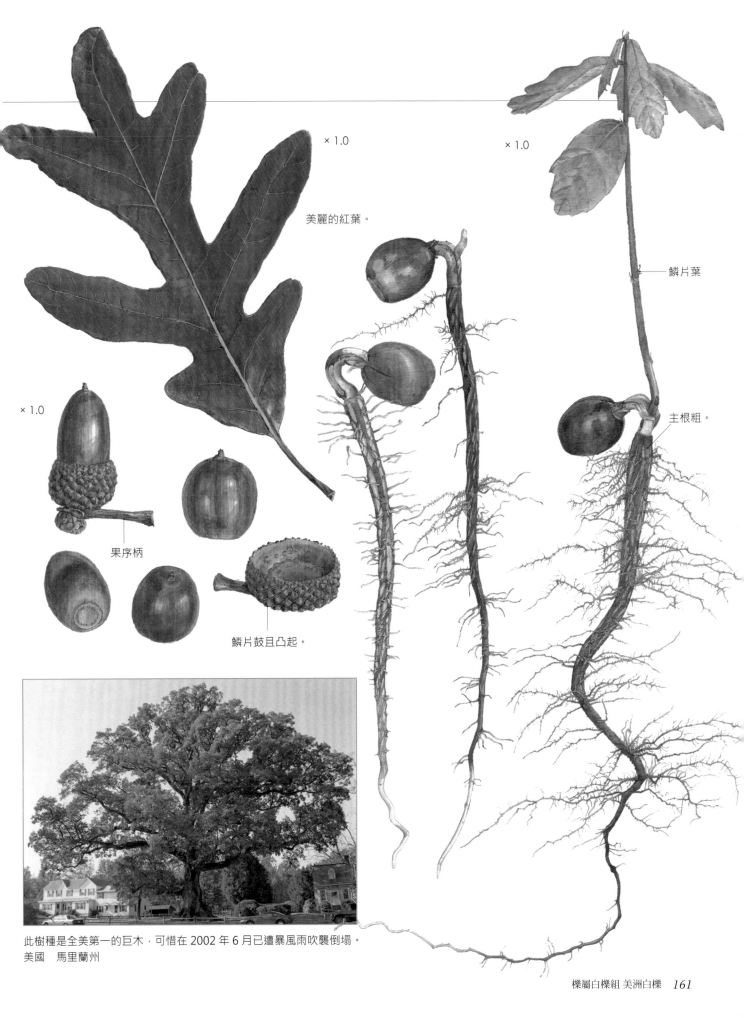

× 1.0

美麗的紅葉。

× 1.0

鱗片葉

× 1.0

果序柄

鱗片鼓且凸起。

主根粗。

此樹種是全美第一的巨木,可惜在 2002 年 6 月已遭暴風雨吹襲倒塌。
美國　馬里蘭州

大果櫟  *Quercus macrocarpa* 櫟屬白櫟組

學名的 macrocarpa 有「大果實」之意。顧名思義，擁有北美產櫟屬中最大的橡實。英文名稱為 Bur oak，是因為被長鱗片包覆的殼斗，看起來就像是栗子的刺。葉片大，葉緣深裂至接近中心處是其特徵。果實在開花年成熟。落葉樹。

分布：美國中北部、加拿大中南部。

× 1.0

美國　伊利諾州

葉背為粉白色。

橡實完全被殼斗包住。

殼斗邊緣的鱗片長得很長。

× 1.0

殼斗邊緣的鱗片很長。

× 1.0

頂部有毛。

果臍呈凸型。

鱗片葉

× 1.0

葉面

葉背

深裂。

藍櫟 ■ *Quercus douglasii* 櫟屬白櫟組

學名是取自於 19 世紀初期的植物學家大衛·道格拉斯（David Douglas）。葉片呈藍色調故稱為藍櫟。細長尖形橡實是其特徵的落葉樹。葉片厚，耐乾燥。橡實可供家畜食用。

分布：美國加州特有種。

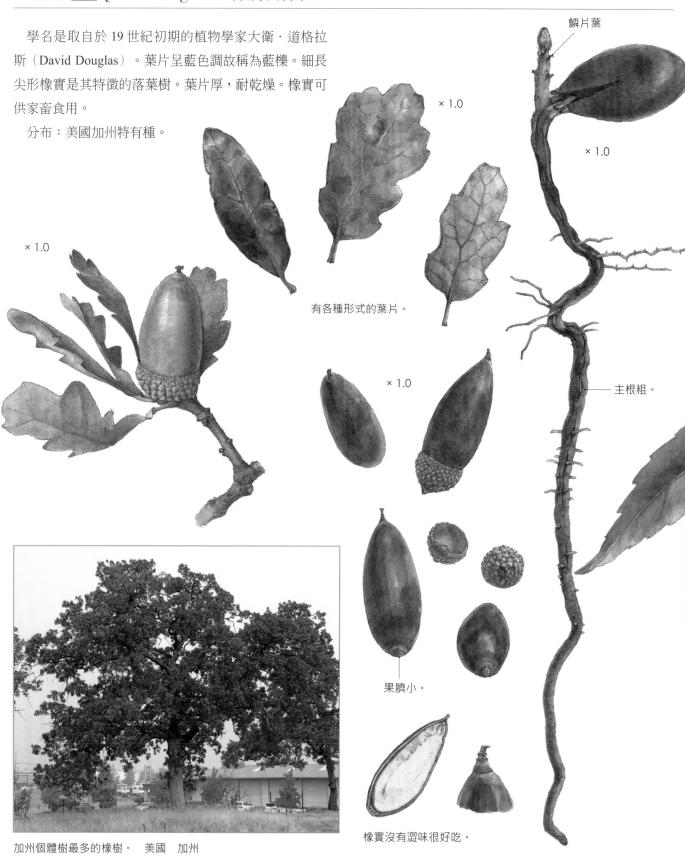

鱗片葉

× 1.0

× 1.0

× 1.0

有各種形式的葉片。

主根粗。

× 1.0

果臍小。

加州個體樹最多的橡樹。　美國　加州

橡實沒有澀味很好吃。

Quercus corrugata　櫟屬白櫟組

學名的 corrugata 有「帶有皺褶」之意。栗樹般的細長葉片與大顆橡實是其特徵的落葉樹。木材可用於建材。橡實雖然大且澀味少，但人和家畜都不吃，除了用作兒童玩具外，幾乎沒有其他用途。除了橡實的頂部，也會從側面及果臍附近等各種地方發根。果實在開花年成熟。

分布：墨西哥南部到哥斯大黎加的中美。

× 1.0

本葉

鱗片葉

× 0.8

× 1.0

葉片集中長在枝幹先端。

會從橡實的各種地方長出根來。

主根粗。

× 1.0

葉片兩面的顏色幾乎相同。

側根細且橫向生長。

葉片細長，有尖形波狀的鋸齒。

果臍大。　　　葉背　　　葉面

奧勒岡白櫟  *Quercus garryana*　櫟屬白櫟組

學名的 garryana，是取自於援助植物學家大衛‧道格拉斯調查的哈德遜灣公司的尼古拉斯‧加里（Nicholas Garry）。橡實大而圓。單寧少，受野生生物喜愛，也是美國原住民的重要食糧。木材為價值高的良材，可用於家具等用途。落葉樹。

分布：加拿大西南端到美國加州的沿岸地區。

× 1.0

果臍小。

× 1.0

表面無毛。

美國　華盛頓州

葉背長有氈狀的毛。

葉面有許多細脈，具有皮革般的質感與光澤。

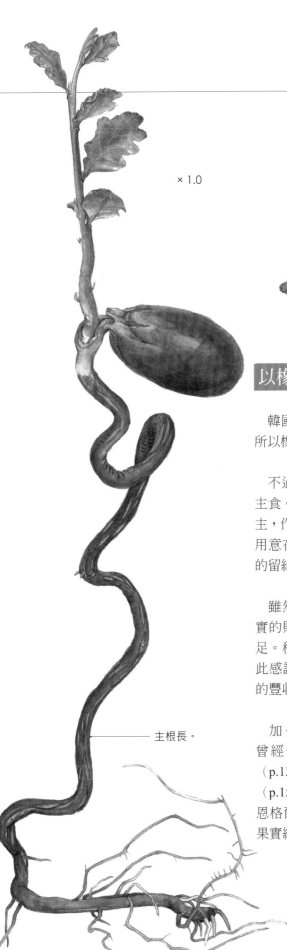

× 1.0

主根長。

葉片是紅葉。

以橡實爲主食的美國原住民

韓國與日本人因為是始於農耕，所以橡實只是輔助食材。

不過對美國原住民而言，橡實是主食。食糧的來源以狩獵和採集為主，作物的栽培頂多是玉米和菸草。用意在於僅取用自然的恩惠，其餘的留給子孫。

雖然因地而異，不過各家皆有橡實的貯藏室，若能裝滿便感安心滿足。秋天會舉辦橡實的收穫祭，藉此感謝當年的豐收，同時祈求來年的豐收。

加州等太平洋沿岸的人們，曾經仰賴著加洲黑櫟、密花石櫟（p.136）、奧勒岡白櫟、峽谷櫟（p.156）、加州海岸櫟（p.145）、恩格爾曼櫟等碩大且數量多的各種果實維生。

民間流傳著一則有趣的神話，傳說橡實們以前是天上的少女精靈，收到神明的命令，各自戴上自製的帽子，從天上降臨到等待食物恩賜的人們身邊。（德永／撰）

美國原住民米沃克族（Miwok）的橡實收穫祭所販售的抱著橡實的少女人偶。此祭典，是以橡實為主食的米沃克族代代相傳，為了感謝豐收果實而舉行的。

甘貝爾櫟 ▉ *Quercus gambelii* 櫟屬白櫟組

學名是取自於 19 世紀美國的自然觀察家兼植物學家威廉・甘貝爾（William Gambel）。在科羅拉多州梅薩維德的原住民培布羅族 12 世紀後半的遺跡中，發現了本種的橡實以及玉米加工食品的痕跡。直立式灌木較多，偶爾會長成高木。本種的橡實，是野生生物的重要食物。落葉樹。

分布：生長在美國中西部的乾燥山脊惡地（大峽谷國家公園等）。

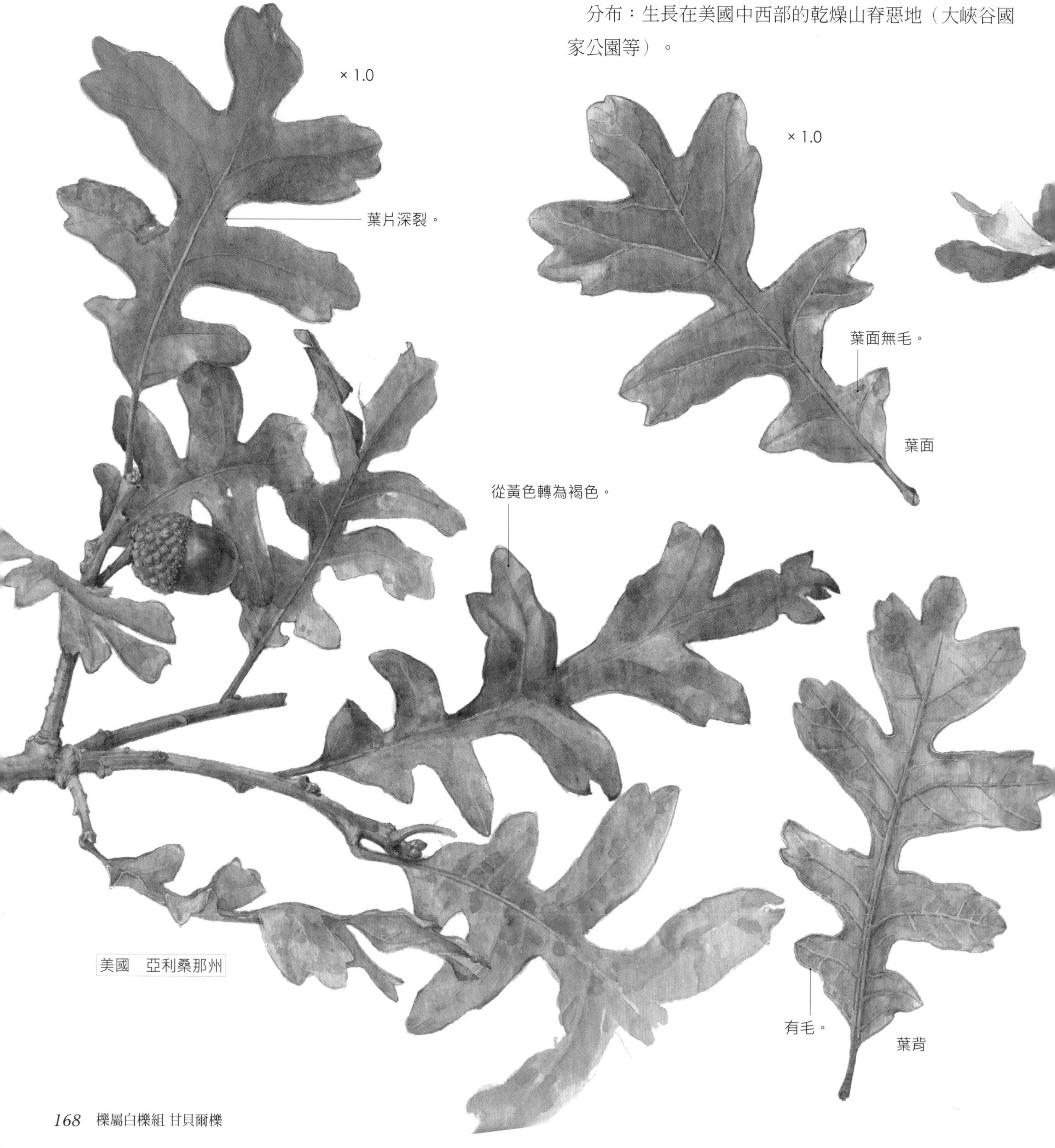

× 1.0

葉片深裂。

× 1.0

葉面無毛。

葉面

從黃色轉為褐色。

美國　亞利桑那州

有毛。

葉背

× 1.0

美國 科羅拉多州

未成熟的橡實。
在開花年成熟。

× 1.0

果序上結有 1~2
顆橡實。

這顆甘貝爾櫟已轉黃葉的枝條上
結有許多橡實。

美國 亞利桑那州

加州白櫟 ▦ *Quercus lobata* 櫟屬白櫟組

　　學名的 lobata 有「分開呈裂片」之意。開裂成耳狀裂片的小葉片是其特徵。如其別名山谷櫟（Valley oak）所示，生長在山谷沿岸的肥沃斜坡下。北美最大的櫟樹，直徑達 3m、樹高達 30m。細長的大橡實相當美味，深受野生生物喜愛，每年的豐歉變動劇烈。落葉樹。

　　分布：美國加州特有種。

× 1.0

美國　加州

× 1.0

葉面

葉背

有綿毛。

長成超過 30m 高木的加州白櫟。　美國　加州

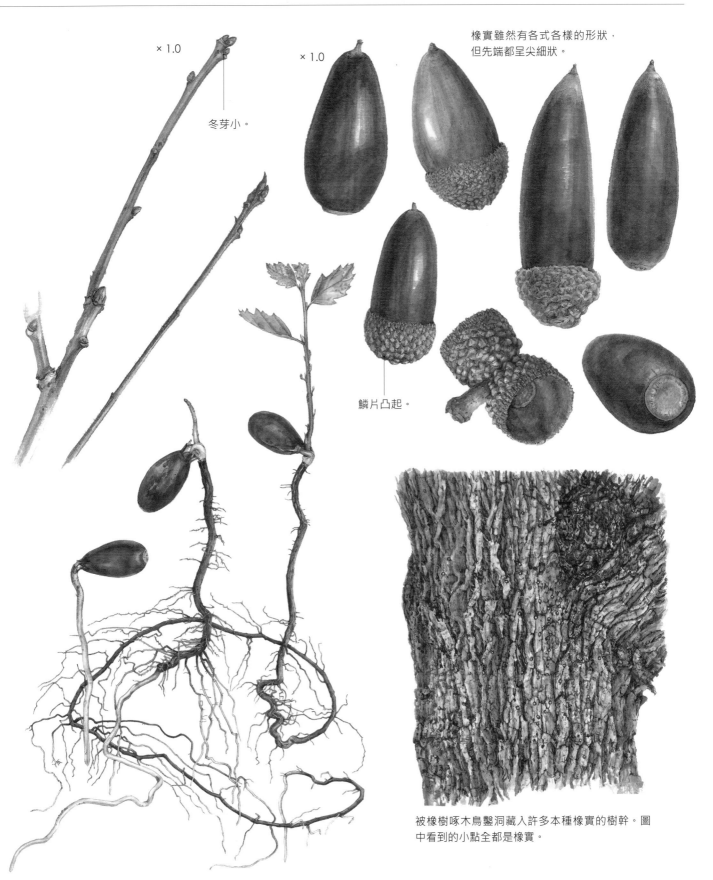

× 1.0

× 1.0

橡實雖然有各式各樣的形狀，但先端都呈尖細狀。

冬芽小。

鱗片凸起。

被橡樹啄木鳥鑿洞藏入許多本種橡實的樹幹。圖中看到的小點全都是橡實。

砂鍋櫟 *Quercus insignis* 櫟屬白櫟組

學名的 insignis 有「傑出的」之意。結有櫟屬中世界最大的橡實。巨大的橡實是橡實愛好者的憧憬，但隨著個體數的減少，已被指定為 IUCN 滅絕危機種。葉片大而厚，很像枇杷的葉片。生長在海拔 1300m 附近的雲霧林，被用於咖啡園的遮蔭樹。木材用作薪炭材。橡實也可作為豬的飼料。落葉樹。

分布：墨西哥到巴拿馬的中美。

× 1.0

墨西哥　維拉克魯斯州

× 1.0

殼斗的鱗片很長。

果臍呈凸型。

幾乎超出手掌的大小。

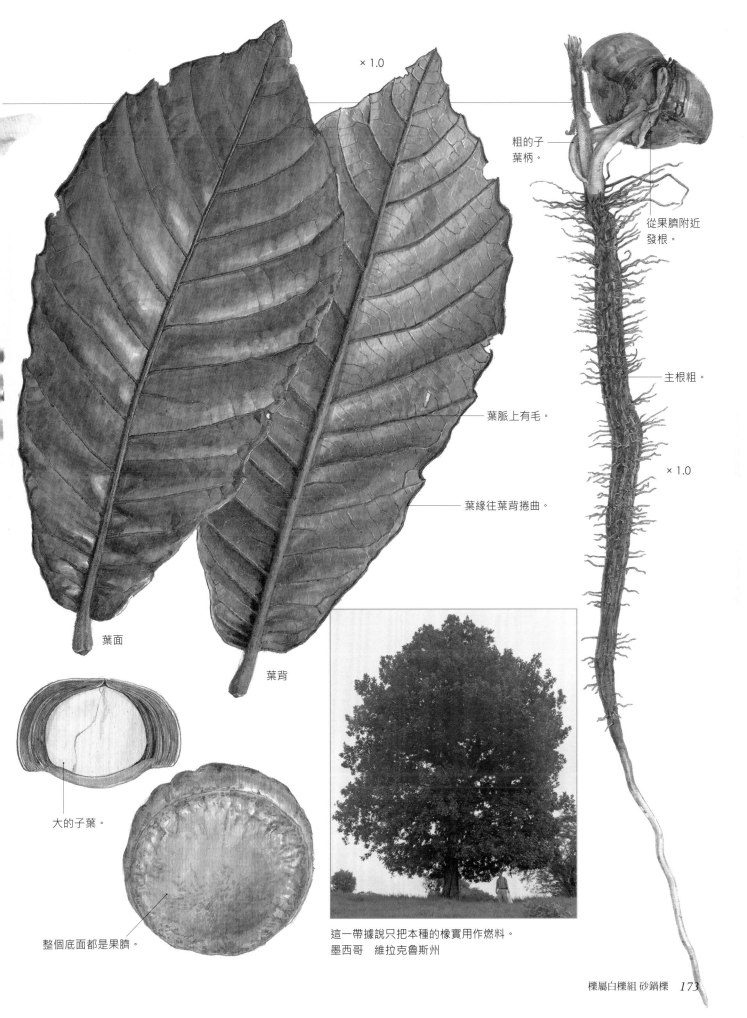

× 1.0

粗的子葉柄。

從果臍附近發根。

主根粗。

× 1.0

葉脈上有毛。

葉緣往葉背捲曲。

葉面

葉背

大的子葉。

整個底面都是果臍。

這一帶據說只把本種的橡實用作燃料。
墨西哥　維拉克魯斯州

南青岡科只有南青岡屬。果實和殼斗與水青岡屬相似，因此賦予這樣的名稱。遠古祖先與殼斗科相同的這些植物，現在隔離分布在非洲以外的南半球各地。全部都生長在濕潤地區，乾燥地區不見其蹤跡。

桃金孃南方山毛櫸　*Nothofagus cunninghamii*

　　學名的 cunninghamii，是取自於英國植物學家艾倫·坎寧安（Allan Cunningham）。坎寧安因為在巴西與澳洲探險並發現許多植物而聞名，替許多植物留下學名。本種是具有小型葉片的常綠樹，有許多種樹型，有長成樹高 40m 以上的大樹，也有樹高 1m 以下的矮木。

　　分布：澳洲東南部（塔斯馬尼亞州、維多利亞州南部）。

× 1.0

新葉為紅色。

× 1.0

小的殼斗與果實。

× 1.0

葉片為小扇形。

可供出產紅色堅硬的優良木材。據說每次森林火災，產量減少的程度會小於尤加利樹。
澳洲　塔斯馬尼亞州

麻花腿南方山毛櫸　*Nothofagus gunnii*

塔斯馬尼亞州唯一的紅葉種。（相片提供：Tony Blanks）

　　學名的 gunnii，是取自於澳洲植物學家、政治家，對塔斯馬尼亞州的植物研究留下極大貢獻的羅納德·坎貝爾·岡恩（Ronald Campbell Gunn）。具有小型葉片的落葉樹，分布在塔斯馬尼亞州的山地，秋天的黃葉相當漂亮。枝幹分枝頻繁且纖細柔軟，能承受雪的壓力。

　　分布：澳洲（塔斯馬尼亞州）。

× 1.0　　× 1.0

南極南方山毛櫸  *Nothofagus moorei*

　　學名的 moorei，是取自於澳洲植物學家，曾擔任雪梨皇家植物園園長的查爾斯‧摩爾（Charles Moore）。本種是具有偏細長葉片的常綠樹，生長在澳洲東部的溫帶濕潤雨林，樹高 40m，直徑達 2m 以上。這片雨林，孕育許多剛瓦納大陸起源的遺存種，被聯合國教科文組織（UNESCO）認定為世界自然遺產。

　　分布：澳洲東部。

× 1.0

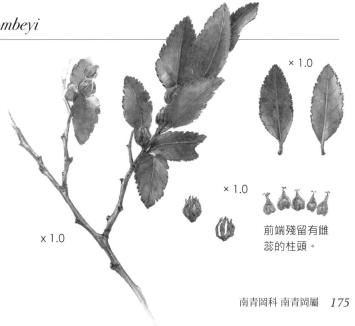

× 1.0

麥哲倫南方山毛櫸  *Nothofagus betuloides*

　　學名的 betuloides，雖然有「與樺木屬（*Betula*）相似」的意思，但是常綠性的葉片為小型，與樺木不太相似。可長成樹齡 500 年以上、直徑 2m 的大樹。性喜濕潤寒冷的環境，分布在南美大陸的南端到大火地島附近。在庫克船長首次探險航海時，由調查大火地島的植物學家約瑟夫‧班克斯（Joseph Banks）所發現。大火地島的原住民，會剝取本種的樹皮來製作獨木舟。

　　分布：智利南部、阿根廷南部。

× 1.0

雄花放大圖

× 1.0　葉面

葉背

× 1.0

× 1.0

花和果實都非常小。

唐比南方山毛櫸  *Nothofagus dombeyi*

　　學名的 dombeyi，是取自於法國植物學家，對南美植物研究有極大功績的約瑟夫‧唐比（Joseph Dombey）。1780 年，載有他寄往祖國的珍貴植物收藏的船隻被英國扣留，植物收藏也因此被搶走了。這稱為唐比（Dombey）事件，傳達出當時各國為了殖民地資源相互競爭的國際狀況。本種是具有小型葉的常綠樹，樹高 50m、直徑超過 2m，板根茁壯發展。

　　分布：智利南部、阿根廷南部。

× 1.0

× 1.0

× 1.0

× 1.0

前端殘留有雌蕊的柱頭。

本圖鑑中的所有種類，都會一併刊載拉丁文學名，在此簡單說明其意義。舉例來說，p.10與p.18的第一行如下所示：

①圓齒水青岡　② *Fagus crenata*
③水青岡屬

①　　② *Lithocarpus hallieri*　③石櫟屬

其中，①是表示該種類的中文俗名，②是學名，③則是屬名。*Lithocarpus hallieri* 在台灣既沒有分布，也沒有中文俗名，因此中文俗名欄位會予以省略。

學名對一般人而言，應該有點難理解吧！何況要記住植物的時候，不知道學名其實也沒有太大的困擾。不過，就學問層面來看，學名代表生物種類獨一無二的名字，對生物學家來說是不可或缺的。有了學名，無論何種語言，全世界的人皆可認知其為生物學上的相同種類。本圖鑑收錄許多外國產的種類，許多種類並沒有中文俗名，這種情況下，更需要標示學名以利辨識。此外，學名大多會使用足以表現該種類之特徵、分布、研究史等的相關名詞，若能了解學名的意思，絕對是利多於弊。各個種類的學名含意，本文中已有簡單的解說，在此就生物的學名命名法與相關歷史做個簡單的說明。

生物學名的歷史，與生物分類的歷史有著密不可分的關係。人類打從有語言開始，為了辨識生活周遭的生物種類，會用栗子或櫻花之類的名字去稱呼，但隨著西歐自然科學的發達，記錄下來的生物種類日漸龐大，有必要加以整頓一番。古希臘亞里斯多德撰寫的《動物誌》及泰奧弗拉斯托斯撰寫的《植物誌》中，已經出現 "genus（屬）" 和 "eidos（種）"，雖可看出層級式生物分類系統的萌芽，不過當今學名的命名得以確立，18世紀瑞典博物學家林奈（Carl von Linné）功不可沒。

林奈的命名法稱為二名式，是用「屬」與「種」的組合來表現生物名稱，與人名為姓氏和名字的組合相似。例如：圓齒水青岡的學名是 *Fagus crenata*，歐洲水青岡的學名則是 *Fagus sylvatica*。*Fagus* 表示屬的名稱，*crenata* 或 *sylvatica* 則表示種的名稱（種小名）。一旦發現新種，或是相似種類的分類整理時，會以學術論文的形式公開發表其學名，原則上已經被使用的屬名，不得重覆用作新的屬名。人類的名字，非親非故卻同姓鈴木者不計其數，但在學名中，*Fagus* 這個名稱只能用在殼斗類，也就是具有類緣關係的親類植物身上。另一方面，種小名則可用在類緣關係較遠的植物上。例如：*Fagus crenata* 是圓齒水青岡，*Ardisia crenata* 是硃砂根。*crenata* 有「圓鋸齒」之意，圓齒水青岡和硃砂根的葉片都是葉緣具圓鋸齒，所以取了相同的名字。

在林奈之前，雖然亦曾在生物名稱的特徵表現上下一番工夫，但通常都過於冗長不實用。以貫葉連翹這個植物為例，現在的學名是 *Hypericum perforatum*，以前的學名則是 *Hypericum floribus trigynis, caule ancipiti, fo-perforatum, liis obtutis pellucido-punetatis*（意思為三花柱的花，莖有隆起線，鈍頭，有明點的小連翹）＊。繁瑣冗長既難使用且讓人困擾。因此如前述般制定出一套命名的規則，全世界的所有生物，無論語言，皆可用獨一無二的共通名字去稱呼。

此外，種有必要再細分為亞種或變種時，則是在種小名的後面，加上亞種名或變種名。舉例來說，p.106大鱗櫟的學名為 *Quercus ithaburensis* subsp. *macrolepis*，表示亞種縮寫 subsp. 後面的 *macrolepis* 就是亞種名。同樣的，p.133黃金北美矮栗樹的學名為 *Chrysolepis chrysophylla* var. *minor*，表示變種縮

寫 var. 後面的 *minor* 就是變種名。

還有，本書中雖然予以省略，但正式學名在屬名與種小名之後，還會標示出記載該學名之研究者的名字（命名者名字）。例如圓齒水青岡的正式學名為 *Fagus crenata* Blume，Blume 是用來表示命名者為 19 世紀荷蘭植物學家布盧姆（Carl Ludwig Ritter von Blume）。順帶一提，若命名者為林奈時，則會加上 Linnaeus 或 Linné（大多縮寫成 L.）。

雖說學名是獨一無二的，但是相同植物的學名，仍會在書籍或論文上出現標示不統一的情況，究竟是為什麼呢？這是因為分類相關意見會隨研究者而異。遇到這種情況也是，若學名完整標示出命名者的名字，在追溯該種類的研究史時，就能夠正確地進行比較與研究。

學名原則上是用拉丁文記述。拉丁語原本是羅馬帝國的公用語，是義大利語、西班牙語、法語等的原始語言，但現在幾乎沒有使用。雖然是一種死語，但沒有隨著時間變化，反而有其便利之處。因為是死語，所以沒有所謂的正式發音。

經常有人以為圓齒水青岡、思茅櫧櫟這類用中文標示的種名是學名，但這僅是中文俗名而非學名。中文俗名，只是台灣慣用的稱呼，而且只有台灣會使用，除此之外，一個種類經常會有多個中文俗名，這點也必須格外留意。

學名中常用的詞彙有幾個種類，最多的，是表示該植物特徵的詞彙。舉例來說，意指水青岡屬的 Fagus，是源自於具「可食用」之意的希臘文 phagein。這是因為水青岡的果實確實可供食用。接著，表示產地的地名也經常使用。在本圖鑑中，亦會看到意指日本的 japonica，或是意指非洲的 afares 等學名。再來，人名也很常用。通常是使用發現與研究該植物的植物學家或植物收集家的名字，例如：意指江戶時代訪日後將日本文化與植物介紹給歐洲的西博德（Philipp Franz Balthasar von Siebold）的 seiboldii，意指在南美探險的地理學家洪堡德（Alexander von Humboldt）的 humboldtii，本書中也都有出現。比較罕見的則是冠上摯愛家人的名字。有名的例子為牧野富太郎，他將自己發現的其中一種笹，冠上背後支持牧野研究的亡妻壽衛子這個名字，命名為 *Sasa suwekoana*，藉此表達對妻子的感謝之意（現在被納入東笹的變種 *Sasaella ramosa* var. *suwekoana*）。

像這樣解讀學名，即可了解該生物的特徵、產地、研究史等細節。本書礙於篇幅，無法對所有學名深入解說，有興趣的人，不妨自行上網調查。這也是本書的一種深度享受方法。（原 正利／撰）

* 木村陽二郎（1994）「最棒的自然研究家林奈─最大的貢獻，植物分類系統與學名的確立」
《林奈與博物學─自然科學的源流》p81-89、日本千葉縣力中央博物館。

冠上林奈之名的北極花 *Linnaea borealis* L.。忍冬科的小型矮木，廣泛分布在環繞北極的高緯度地區。在日本被稱為高山植物。林奈喜愛這類可愛的花朵，因此用了自己的名字屬名。（相片提供：大野啟一．北阿爾卑斯清水岳）

世界橡實圖鑑・解說
原 正利

1 橡實是什麼？

橡實，是連小孩子都知道，最熟悉之樹木的果實。現在才要說明橡實是什麼，或許會認為根本沒有必要。

不過，若以植物學的角度來說明橡實不是種子而是果實，大部分的人都會一臉茫然。一般而言，果實通常顏色鮮艷、甜美多汁，種子則是果實裡面顏色樸素、又小又硬，用來播種與發芽的部分。橡實，是與大眾認知有點偏差的果實。但是就生態層面來看，橡實的作用比起果實更接近種子。播撒牽牛花的種子（這是真正的種子）會發芽，播種橡實也會發芽，有多少小學生或老師能夠意識到這兩者的差異？也就是說，橡實，在功能上與種子並無差別，是近似種子的果實。

為何會進化成近似種子的果實呢？這是為了讓以種子為主食的老鼠和松鼠等小型哺乳類（齧齒類），能夠搬運埋藏。橡實與老鼠，不只在童話中，在真實的自然界中也是重要的夥伴。

接著也來說明一下橡實這個詞吧！橡實這個詞彙，狹義是指麻櫟的渾圓果實。但是一般來說，不只是麻櫟，也可以是枹樹（思茅櫧櫟、水楢、槲樹等）或櫟樹（黑櫟、赤樫、赤皮等）的果實，也就是可用來泛指植物學上分類為殼斗科櫟屬的所有果實。此外，石櫟的果實，外觀上與櫟屬極為相似，通常也都包括在橡實內。再來，栗樹的果實、苦櫧的果實、水青岡的果實也都和橡實很像。事實上，這些在植物學上全都屬於殼斗科植物的果實，不只形態，功能上也與櫟屬的果實非常相似。另外還有一個共通點，那就是具備可保護尚未成熟的果實，名為殼斗的器官。也因此，本書將殼斗科植物的果實全部都介紹為橡實。

2 橡實的誕生與進化

開花植物（植物學上稱為顯花植物或被子植物），約莫出現在距今 1 億 3000 萬～1 億 4000 萬年前，稱為中生代白堊紀時代的初期。這個時代，氣候比現在溫暖、濕潤，陸上有大量的恐龍等爬蟲類。海陸的分布也與現在大不相同，共劃分為兩塊大陸，分別是北側的勞拉西亞大陸（現在的北美與歐亞大陸）與南側的剛瓦納大陸（現在的南美、非洲、阿拉伯、印度、馬達加斯加、澳洲、南極），之間隔著彷彿巨大海灣的特提斯洋（圖 1）。最初的被子植物，據說是誕生於這片特提斯洋周圍的廣闊熱帶林中。

之後，被子植物進化成多樣化，在白堊紀前期中，誕生了當今可見的被子植物中最原始的基部被

圖 1　白堊紀後期初左右（約 1 億年前）的地球海陸分布。

子植物（睡蓮和八角等），以及木蘭和草珊瑚類等單子葉植物。之後到了白堊紀後期，占有當今被子植物絕大比例，被稱為真雙子葉的植物群進化，並在地球上擴展開來。透過化石的研究，推測結有橡實的植物，即殼斗科植物也是在這個時代，差不多9000萬年前左右誕生的。

廣義的橡實，也就是殼斗科植物結的果實，有麻櫟或櫟的橡實這類橫切面呈圓形的，也有水青岡的果實這類橫切面為三角形的。其中，三角形的橡實保有較為古老的形狀。

從近似殼斗科之古老化石植物的果實也是三角形這點亦可確認。美國喬治亞州8500萬年前左右的地層中，發現了 *Antiquacupula sulcata* 以及 *Protofagacea allonensis* 這兩種接近殼斗科植物的化石。Antiquacupula 有「古董風殼斗」之意，Protofagacea 則有「殼斗科的原形」之意。兩者都具有水青岡果實般的三角形果實。此外，日本在福島縣雙葉發現的化石，也如預想般具有三角形的果實，而被命名為 *Archaefagacea futabensis*，也就是「在雙葉發現的古老殼斗科」。只不過，有別於現在所見的殼斗科，果實中有3顆種子。

在生物分類學上，生物由大分類到小分類，劃分為科、屬、種、亞種等層級。現在，殼斗科已知有10個屬（圖2）。推斷與現在同屬之殼斗科植物化石的出現，是從新生代的古第三世紀始新世（5600萬～3390萬）開始。哺乳類動物也是在這個時代，從早期的古老類型哺乳類，急速進化為當今所見的哺乳類，並且在地球上拓展開來。殼斗科植物，在生態上與各種哺乳類，尤其是齧齒類，有著密不可分的關係。甚至極可能是配合這些動物的步調在進化，然後在地球上擴展開來。

3 橡實的形狀

廣義上的橡實，已提過有橫切面為圓形及三角形的。接下來，要進一步詳細說明橡實的形狀。首先以黑櫟為例，來說明圓形橡實（圖3）。橡實呈略微細長的球形。其最大的特徵在於橡實並非直接結

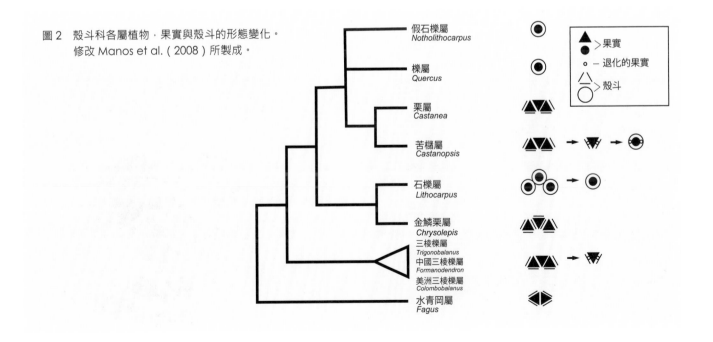

圖2　殼斗科各屬植物，果實與殼斗的形態變化。
　　　修改 Manos et al.（2008）所製成。

在枝條先端，而是長在碗內。這個碗，是殼斗科特有的器官，我們稱之為殼斗。殼斗呈圓形碗狀，櫟屬、石櫟屬、假石櫟屬可見此特徵，殼斗中的橡實只有1顆（圖2）。

橡實的表面堅硬光滑，最下面銜接殼斗的部位質感粗糙。此部位，本書稱之為「果臍」。成熟的橡實，不久後會從殼斗脫離掉落地面，這是因為果臍形成離層後自殼斗脫落，與轉紅葉的葉片凋落為相同構造。另外，橡實的先端有突起（圖4），此為橡實開花時的雌蕊先端變硬後殘留的東西。突起有3處，是因為雌蕊先端分裂成3個。仔細看突起的下方也殘留有小小的花被片（花冠與花萼的統稱）。其下有多條同心圓狀的環狀紋路。這是橡實幼小時，整顆被包覆在殼斗裡，殼斗的先端緊緊貼附壓印出來的紋路。

來試著切開橡實吧！硬殼內，有1顆包有薄皮（也就是澀皮）的種子。硬的部分是果實的皮也就是果皮，薄皮則是種子的皮也就是種皮。橡實成熟後的特徵是果皮會變薄變硬，所以看起來像是種子。這樣的果實也稱為堅果。占據大部分的，是為了發芽後儲存養分（碳水化合物和脂質）的2片子葉（圖5）。櫟樹的橡實，子葉的作用單純是為

了儲存養分，因此即使發芽，也不會從橡實外露開展。2片子葉的根基附近（橡實先端附近），變成芽生根的有幼根、胚軸（接繫幼根與子葉的一種莖）、幼芽。

接著，三角形的橡實是怎麼回事呢？底下以圓齒水青岡為例來說明（圖6）。與黑櫟最大的差異，在於殼斗的形狀以及內含的橡實數量。殼斗呈橄欖球般的形狀且硬，完全包住橡實。橡實一旦成熟，殼斗便會裂成4瓣，從中露出2顆三角形的橡實。像這樣，橡實在成長過程中被殼斗完全包住，果實成熟後開裂的殼斗內外露，是水青岡屬、金鱗栗屬、栗屬、苦櫧屬可見的特徵。這些屬，殼斗內原則上會有多顆果實，但也有像日本的米櫧一樣，數量減少至僅存1顆的種類。

圓齒水青岡的橡實，如同三角錐的形狀（三稜形），底部果臍部分稍圓。先端細長，且有3根雌蕊（柱頭），橡實成熟時會枯萎。栗屬和苦櫧屬也是，橡實的橫切面基本上是三角形，即便是稍圓的情況，仔細看也並非完全的圓形，多少保有尖細的部分。請試想一下日本栗的果實。

打開圓齒水青岡的橡實，和櫟樹一樣，硬果皮內

圖3　黑櫟枝條先端的橡實。　　　　　　　圖4　放大的黑櫟橡實。

有被種皮包覆的子葉。差別在於子葉較薄，且在橡實中呈摺疊狀態。圓齒水青岡的子葉，發芽時會露出地面打開行光合作用。這類子葉會打開的，在殼斗科中是水青岡類與三棱櫟類才看得到的特徵。

4 橡實的多樣性

全世界究竟有多少種殼斗科的植物呢？東南亞及中美的熱帶林植物相關研究並不完全，因此無法得知正確的數量，不過差不多有 900 ～ 1000 種。其中幾乎有半數是櫟屬的種。第二多的是石櫟屬約 300 種，再來則是苦櫧屬約 130 種。上述以外的屬其數量減少許多，水青岡屬 11 種，栗屬 8 種，金鱗栗屬 2 種，其他的屬（假石櫟屬、三棱櫟屬、中國三棱櫟屬、美洲三棱櫟屬）則只有 1 種。本書中，網羅介紹了上述所有屬共 132 種（包含亞種、變種、雜交種）的橡實。

就地區來看，殼斗科的種多樣性在亞洲最為豐富，可見 7 個屬約 600 種。其次為北美、中美和南美（哥倫比亞），6 個屬約 270 種，最少的則是歐洲、非洲北部，僅有 3 個屬約 30 種。也就是說，整個殼斗科約三分之二分布在亞洲，近三分之一在美洲，剩餘少數的種分布在歐洲。亞洲以雲南省等中國西南部到中南半島、婆羅洲及蘇門答臘等地的種多樣性最豐富，北美、中美則以墨西哥最為豐富。

日本分布有 5 個屬 22 種，並不是很多。就亞洲多樣性豐富的常綠性植物的分布區域來看，日本列島因位於北限，因此多樣性較低。

殼斗科植物的分布區域，廣泛分布於北半球的低緯度到中緯度地區，跨及南半球部分東南亞的島嶼地區（圖 7）。只不過，未分布在極度乾燥的歐亞大陸和北美大陸的內陸部分。南半球的非洲大陸、南美大陸的大部分、澳大利亞大陸也未分布，即便是歐亞大陸的印度不知為何也不見其蹤跡。

這種分布狀況，被認為可反映出殼斗科植物的誕生歷史與地球的古地理。也就是說，殼斗科植物的祖先是誕生於中生代白堊紀特提斯洋的北側（圖1），有擴展至勞拉西亞大陸，但沒有擴展至剛瓦納大陸。也因此，有一種說法是起源於剛瓦納大陸的地區（非洲大陸、南美大陸、澳大利亞大陸、南極大陸以及印度），現在看不到殼斗科植物。這是基於橡實難以渡海擴展這項事實。實際上，殼斗科

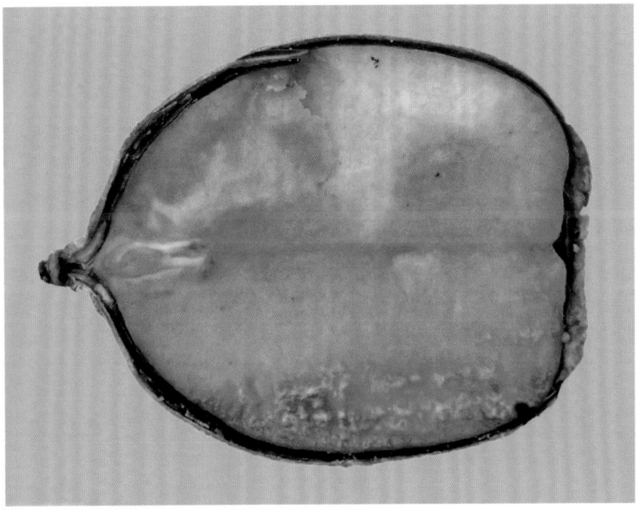

圖 5　栓皮櫟的橡實橫切面。內部被 2 片子葉占據，頂部附近（相片的左側）可見幼根。

圖 6　圓齒水青岡的橡實與殼斗。（相片提供：大野啟一）

植物並未分布在遠離大陸的海洋島，例如夏威夷或小笠原諸島等。

然而最近（2019年），有了顛覆至今假說的發現。從位於南美阿根廷的巴塔哥尼亞的古第三世紀始新世地層發現的化石似乎是苦櫧屬。倘若屬實，表示剛瓦納大陸也有分布殼斗科的植物，殼斗科植物的歷史勢必大幅改寫（p.147）。

部分以前曾是剛瓦納大陸的地區，現在可看到南青岡科的植物（圖7）。這一科的植物，也具備與殼斗科相似的堅果與殼斗。也因此，以前被歸類在殼斗科中，不過經過分子水平遺傳資訊的調查結果，得知其為殼斗科植物的近緣，因此被整合至其他群組，劃分出獨立的科。南青岡科有43種，統整出南青岡屬1個屬，但最新研究提出劃分為4個屬的提案。南青岡科的植物在南極大陸有發現其化石，但非洲則尚未得知。本書中，關於南青岡科的植物總共介紹了5種。

殼斗科植物還有一項特徵，就是大多可長成高木。也因此，在北半球各地形成森林的骨架。水青岡和櫟是溫帶落葉樹林不可或缺的存在，苦櫧和石櫟類則是暖溫帶、亞熱帶常綠闊葉樹林最主要的樹木。生物量（biomass）也非常大，在科層級中排名第2，僅次於松科植物。

5 橡實的種類與分布

●水青岡屬

水青岡屬全世界有11種，分布在遠離北美東部墨西哥、東亞、歐洲這3個區域的地方是其特徵（圖8）。北半球溫帶林代表性的樹木之一，在日本和歐洲單獨形成優勢森林。樹型與樹皮美麗，打造了肥沃的土壤，在歐洲被頌讚為森林之母。歐洲，中、西部的廣大範圍是歐洲水青岡，黑海到裏海東部則分布著東方水青岡（*Fagus orientalis*），兩種的分布境界地區可見其雜交種（*Fagus taurica*）。北美，從加拿大東南部到美國東部有北美水青岡，墨西哥的山的則是分布墨西哥山毛櫸。有的會將墨西哥山毛櫸歸類為北美水青岡的亞種。種多樣性最豐富的是亞洲，共有7種，日本分布有圓齒水青岡和日本水青岡，台灣和中國西部有臺灣水青岡（*Fagus hayatae*），中國則有光葉水青岡（*Fagus lucida*）、長柄山毛櫸（*Fagus longipetiolata*）、米心水青岡。台灣和中國的水青岡屬，不像日本的水

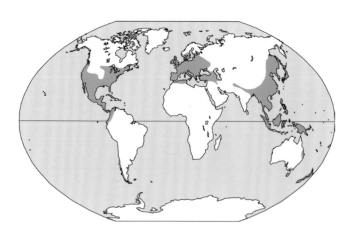

圖7　殼斗科（綠色■）與南青岡科（紅色■）的分布區域。
紐幾內亞島上兩科皆有分布。

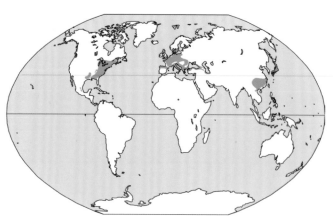

圖8　水青岡屬的分布區域。

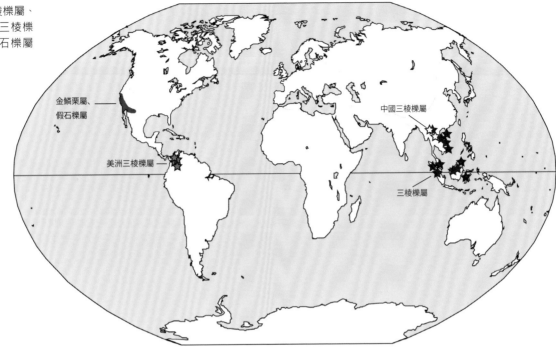

圖 9　三稜櫟類（三稜櫟屬、中國三稜櫟屬、美洲三稜櫟屬）、金鱗栗屬、假石櫟屬的分布區域。

金鱗栗屬、
假石櫟屬

中國三稜櫟屬

美洲三稜櫟屬

三稜櫟屬

青岡會形成廣域的森林帶，其特徵是在常綠闊葉樹林帶的山脊生長成補丁狀。另外，日本水青岡、竹島水青岡、米心水青岡這 3 種，其特徵是會從枝幹基部冒出許多的芽，形成矮木般的樹型，因此在分類學上，也有和其他水青岡以亞屬層級加以區別的情況。

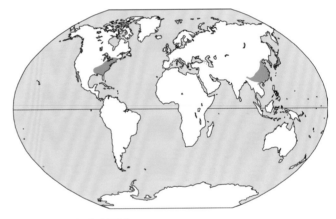

圖 10　栗屬的分布區域。

●三稜櫟類　●金鱗栗屬　●假石櫟屬

　　三稜櫟類有 3 種，有的會全部歸類為三稜櫟屬（廣義），但本書將其劃分為三稜櫟屬（狹義）、中國三稜櫟屬、美洲三稜櫟屬。全都零星分布在熱帶的山地（圖 9）。橡實和殼斗的形狀近似祖先，這類的化石在北美到歐洲也都廣泛發現，推測曾經廣泛分布但在各地陸續絕種，因而僅剩些許存活在熱帶山地。

　　金鱗栗屬和假石櫟屬，兩者也都是僅知有 2 種和 1 種的小屬，僅分布在北美西部的加州與周邊狹小地區。這裡已知僅存針葉樹的紅杉和巨杉等古代植

物，這些種也被認為是古代植物的遺存。金鱗栗屬的殼斗，乍看很像栗屬，裡面隔成多個房間，每間房各住一顆橡實。假石櫟屬在不久前還整合在石櫟屬，現在獨立成假石櫟屬。

●栗屬

　　栗屬全世界有 8 種，歐洲分布有歐洲栗，日本有日本栗，中國有板栗（*Castanea mollissima*）、錐栗（*Castanea henryi*）、茅栗（*Castanea seguinii*），北美東

部則有美國栗、矮栗子、*Castanea ozarkensis*（圖10）。分布地區和水青岡屬很像，種類也差不多，但不像日本的水青岡一樣形成優勢森林。栗屬的果實可食用，木材也很堅實，因此自古在各地皆廣泛栽種利用。也因此分布廣泛，難以得知明確的原生地。英國南部也可見栗屬，據說是以前的羅馬人帶來的。

栗屬有會長成大樹的種和不會長成大樹的種。日本的栗樹會長成大樹，但是自明治時代以後，各地的栗樹被大量砍伐用作鐵路的枕木，導致現在山上可見的大棵栗樹相當稀少。此外，栗屬的枝幹感染菌類併發的胴枯病，是世界三大知名的樹病之一。20世紀初期，此病在北美大爆發，半數以上的美國栗枯死瀕臨絕種（p.135）。據說起因為日本產栗樹幼苗的混入，遭致病菌入侵。

● **苦櫧屬**

苦櫧屬，西自喜馬拉雅東至日本，南至印尼、紐幾內亞附近的範圍，分布約130種（圖11）。花是蟲媒花，形狀和石櫟屬很像，差別在於一顆生長中的殼斗中有多個雌花（石櫟屬是1個）。亞熱帶和熱帶的常綠闊葉樹林中生育許多的種，在中國南部和東南亞的熱帶，種的多樣性相當豐富。日本的米櫧，是苦櫧屬中分布最北的種。

殼斗表面有尖刺的種類很多，像米櫧一樣沒有刺的占少數。刺的長度、密度和形狀各色各樣，外觀無法和栗刺區別的種類也很多。橡實大多呈帶圓的三稜形，殼斗內基本上會有3顆橡實，但根據種的差異會有1到5顆的變異。果實到成熟前都會包在殼斗內，少部分的種，在成熟前會竄出殼斗生長，形成和櫟屬極為相似的形態。果皮普遍較薄，但生長在熱帶的一部分種，果臍部分會變厚，包覆大部分的果實（p.52-53）。

● **石櫟屬**

石櫟屬，西自喜馬拉雅東至日本，南至印尼、紐幾內亞附近的範圍，分布約300種（圖12）。這個分布區域，和苦櫧屬幾乎相同。僅次於櫟屬，是

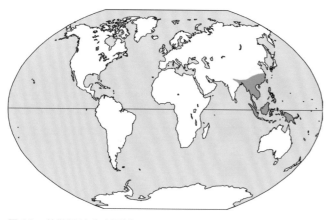

圖11　苦櫧屬的分布區域。

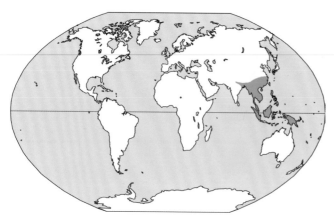

圖12　石櫟屬的分布區域。

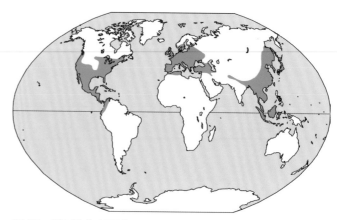

圖13　櫟屬的分布區域。

殼斗科中第 2 大的屬。每個圓形殼斗中只有一顆橡實。橡實和殼斗與櫟屬非常像，從外觀很難區別。只不過，櫟屬是透過風來運送花粉的風媒花，所以花朵形狀完全不同，與苦櫧屬相似。橡實也是，因為雌蕊前端的形狀不同，仔細觀察即可區別。

東南亞的熱帶，尤其在婆羅洲和蘇門答臘，種的多樣性很豐富，也可見各式各樣的形狀。雖然也有類似日本石櫟般細長砲彈型的橡實，但真要說起來，稍微平坦的球型和圓錐形的橡實比較多，另外，也可見包覆在殼斗內整顆掉落，或是整個表面被覆厚實果臍這類超乎想像的各種橡實。這是因為，熱帶許多掠食橡實的動物偏大型且種類多，且具有強大下巴與牙齒，因此橡實也隨之進化為較難啃食的狀態。

●櫟屬

櫟屬，推測全世界有 400 ～ 500 種，是殼斗科的最大屬，尤其在歐洲和美國占了科的大半。生態上包含落葉樹和常綠樹，從接近沙漠的乾燥地區，到整年瀰漫雲霧的濕潤熱帶山地，氣候上也是，從寒冷的亞寒帶到整年中高溫的熱帶，各式各樣的環境下皆有分布。廣泛的分布區域，幾乎涵蓋殼斗科所有分布區域（圖 13）。以前，普遍將屬內劃分為櫟亞屬和赤樫亞屬，但在使用分子階層遺傳資訊的最新研究中，提議劃分為新的 2 個亞屬①櫟亞屬（與舊的櫟亞屬不同）和②麻櫟亞屬，並且再將①劃分出 5 組（金杯櫟組、本都櫟組、常綠櫟組、白櫟組、紅櫟組），②劃分出 3 組（青剛櫟組、冬青櫟組、麻櫟組），詳細可參照下表。本書也是，櫟屬的種也有統整至各組。櫟屬的一大特徵是會形成許多雜交種。非常相似的種很多，相像到何種程度可承認為同種，研究者們的意見也屢見分歧。此外，因為廣泛分布在人口多的北半球溫帶區域，因此可說是人類最親近熟悉的樹木之一。不單只是利用其橡實及木材，在許多神話、繪畫、文學也會出現。

6 橡實與昆蟲

應該很多人都曾被撿回家擺在房間的橡實，其中竄出的蛆（主要是象鼻蟲類的幼蟲）嚇過吧！此外，在日本關東地區，樹幹上滲出的樹液，是打算

表　櫟屬的分類體系 Denk et al.（2017）

亞屬	組	分布區域	種數	特徵
櫟亞屬	金杯櫟組 (Section Protobalanus)	北美西南部、墨西哥西北部	5	常綠樹。開花隔年結果實。果皮的內面有綿毛。殼斗的鱗片被覆密毛。
	本都櫟組 (Section Ponticae)	土耳其東北部～喬治亞州西部、北美西部	2	落葉樹。開花當年結果實。葉片和櫟樹相似，細長且側脈多。
	常綠櫟組 (Section Virentes)	北美東南部、中美（墨西哥～哥斯大黎加、古巴）	7	常綠樹。開花當年結果實。實生的根會膨脹成塊莖狀。
	白櫟組 (Section Quercus)	北美、中美、歐洲、亞洲、非洲北部	約 150	常綠樹或落葉樹。開花當年結果實。葉片的裂片前端通常不會形成尖刺。
	紅櫟組 (Section Lobatae)	北美、中美、南美（哥倫比亞）	約 130	常綠樹或落葉樹。開花隔年（極少數為開花當年）結果實。果皮的內面有綿毛。葉片的裂片前端會形成尖刺。
麻櫟亞屬	青剛櫟組 (Section Cyclobalanopsis)	亞洲	約 90	常綠樹。開花當年或隔年結果實。果皮的內面有綿毛。殼斗的鱗片呈環狀。
	冬青櫟組 (Section Ilex)	歐洲、亞洲、非洲北部	36	常綠樹。開花隔年（極少數為開花當年）結果實。果皮的內面有綿毛。葉片小而硬。
	麻櫟組 (Section Cerris)	歐洲、亞洲、非洲北部	13	落葉樹或常綠樹。開花隔年結果實。殼斗的鱗片長且反捲。

採集獨角仙和鍬形蟲的昆蟲少年最先前往的地方。另外，蝴蝶的收藏家，會牢牢記住作為幼蟲食草的櫟樹種類及其特徵，確保能在森林中正確尋找。由這些例子可知，其實許多昆蟲的生活與橡實及殼斗科植物息息相關。

首先，來列舉會製造蟲癭（gall）的昆蟲。蟲癭是各種生物寄生在植物時，植物體的一部分異常生長膨脹成瘤狀（圖14），寄生生物中，癭蜂、癭蚋、介殼蟲、蚜蟲等昆蟲就占了大半。殼斗科，在植物中也是特別會形成蟲癭的科，日本產的殼斗科植物（22種），已知有將近300種的蟲癭。這個數量大約是日本產蟲癭的2成，是最多的科。1種昆蟲可以製造多種蟲癭，因此蟲癭的種類並不等於寄生生物的數量，對製作蟲癭的昆蟲而言，殼斗科植物是不可或缺的。雖然大多數蟲癭，會在幼嫩的嫩葉或新枝上形成，但它們也可能在花、年幼殼斗和果實中形成，這也會影響橡實的生產數量。

接著，來列舉蝴蝶和蛾類（鱗翅目）。在歐洲，多數蝴蝶和蛾的幼蟲，會把殼斗科的植物，尤其是櫟屬植物的葉片當作食物，是自古以來已知的事實。《橡樹的自然誌》＊這本美麗的繪本中，網羅

介紹一棵大橡樹上可見的生物，關於鱗翅目，以最多篇幅8頁來介紹4種蝴蝶和45種蛾。在日本也是，以殼斗科植物的葉片作為食物的蝴蝶和蛾的幼蟲，已知超過500種。其中，也有不只吃葉片，連殼斗和果實也吃的種類，對橡實的生產量和生存造成影響。舉例來說，已知 *Pseudopammene fagivora Komai* 這種蛾，有時會大量產生，幼蟲大量啃食殼斗的葉片、嫩果實與殼斗，對每年殼斗果實的生產量造成極大影響。

還有，甲蟲之中，已知象鼻蟲類的幼蟲靠啃食橡實成長（圖15）。象鼻蟲會用細長的嘴在樹上的橡實挖洞，然後產卵。幼蟲啃食裡面的子葉成長，等橡實掉落地面後再爬出橡實潛入地下結蛹。另一方面，有的甲蟲也會侵入掉落的橡實，那就是樹皮甲蟲。樹皮甲蟲顧名思義是一種會侵入樹幹啃食木材的蟲，且已知部分的種會侵入掉落的種子和堅果，在內部繁衍群體。如文字所述，也有橡樹樹皮甲蟲這個種。

＊ Lewington, R. and D. Streeter. The Natural History of the Oak Tree. A Dorling Kindersley Book, London. 1993. 日文翻譯：池田清彥（譯者）《オークの木の自然誌—すばらしいミクロコスモスの世界》MEDIA FACTORY 東京 1998 年

圖14 在櫟樹的枝條先端製成的蟲癭（楢芽林檎五倍子）。直徑約 3.5cm，黃綠色，一些部分帶點紅色。在英國，這類蟲癭被稱為 oak apple，用於各式各樣的傳統活動。

圖15 生長中的櫟樹橡實與 Cyllorhynchites ursulus 蟲。大多會在殼斗邊緣附近挖洞產卵。遭產卵的橡實會連枝條切掉。（相片提供：千葉縣中央博物館所藏。攝影：尾崎煙雄）

7 橡實與動物

橡實營養價值高，因而成為各種動物的食物。猴子、熊、鹿、狸貓等動物單純只吃下肚，以橡實的角度來看，真是一點好處也沒有，不過老鼠和松鼠類（齧齒類）會把橡實搬到遠處貯藏，等之後再慢慢吃，橡實利用此動物習性即可拓展分布範圍。齧齒類的貯藏的作法，包括全部貯藏在巢穴等處（集中貯藏），以及在森林地面東埋西藏的作法（分散貯藏）。其中，對橡實的散布能夠發揮作用的是分散貯藏。老鼠和松鼠有優異的空間記憶能力，能夠清楚記住橡實埋藏的地點待之後再挖出來吃，不過偶爾會有忘記的情況，此時，橡實即可在埋藏的地點萌芽生長。此種橡實散布模式稱為分散貯藏散布，或是吃剩散布。橡實不耐乾燥，埋在較淺的地方可避免乾燥，這點對橡實而言是有利之處。

不只是齧齒類，松鴉和山雀等部分鳥類也會執行分散貯藏。鳥類可以把橡實搬運到更遠的地方，有利於長距離的散布。

只不過，上述這類橡實與動物的關係，需基於微妙的平衡方得成立。完全不被吃的進化無法拓展分布範圍，被啃食殆盡又恐面臨滅種。橡實為了能夠吸引動物啃食，同時確保不會被啃食殆盡，持續演進發展各種對策。

策略之一，是橡實的果皮和殼斗變厚、用刺包覆殼斗等，讓橡實難以啃食的方法，稱為物理防禦。另一項策略是，裝入弱毒、使其難以消化等難以啃食的策略，稱為化學防禦。這個毒是稱為單寧的物質，大量服用也可能使小動物死亡。單寧，不只是橡實，也是各種植物的莖葉等普遍含有的化學防禦物質。茶的澀味也是因為單寧。另外，還有每年劇烈改變橡實生產數量的策略。如此一來，在僅生產些許橡實的那年秋～冬，老鼠會因為飢餓而數量減少，隔年即便大量的橡實掉落也不會被吃光，許多橡實即可活到春天並發芽（圖16）。

在這本圖鑑，會介紹許多具有厚實的果皮、果臍和殼斗，被覆尖刺的殼斗等種。尤其，生長在亞洲熱帶的石櫟和苦櫧類，可見到許多帶有變厚果皮和殼斗的種。石櫟屬和苦櫧屬的橡實，大多只含有少量的化學防禦物質丹寧，因此有必要提高物理性防禦機制來保護橡實（圖17）。

圖16　水青岡的萌芽。水青岡果實大豐收的隔年春天，從老鼠吃剩的許多橡實中發芽。

圖17　果臍的部份遭啃咬，裡面被徹底吃光的石櫟橡實。

相對於此，櫟屬藉由單寧這項化學方式來保護橡實的性質就很發達。單寧是化學物質，因此很可惜無法畫出來，不過已說明了單寧含量多的種，對人類而言具有產業利用價值。

8 橡實與人類

在農業發達，以栽培米和小麥等穀物作為主食前，橡實對人類而言是重要的食物。世界各地，人類藉由將櫟樹橡實瀝除水分等加工技術，巧妙去除單寧，將其中的子葉磨碎成粉，供麵包、餅乾、粥等食品加工後食用。繩文時代的日本也是，經常食用燒烤橡實粉製成的橡實餅乾。在歐洲也是，古代羅馬博物學家老普林尼（Gaius Plinius Secundus）所著的《博物誌》中，便記載了各地將採集來的橡實乾燥後製成粉，用來捏製麵包的事情。還有，北美的原住民，尤其是加州的原住民，也是以橡實作為主食之一（圖 18）。北美有各式各樣的橡實，原住民利用的種類也很多樣。此外，歐洲各地自古就拿橡實來餵豬。西班牙餵食圓葉櫟橡實的豬，最知名的當屬伊比利黑豬（p.109）。

單寧含量少的栗、石櫟、苦櫧的果實容易食用，因此可加熱後直接食用。拉丁語中意指水青岡的 fagus，雖然直接用做學名，但原本是源自於意指 "可食用" 的希臘語 phagein。另外，日本繩文時代前、中期的居住址三內丸山遺跡內，據說曾有經過篩選可結碩大果實的樹，種植在村落的周圍。神社用來供奉神明的神饌也常見橡實，表示橡實自古便是日本人心目中非常重要的食物。在東南亞也是，許多民族會燒烤苦櫧屬和石櫟屬的果實來吃。

橡實的利用，不僅止於食物。橡實內含的單寧，在世界各地也都被用作鞣皮和染料。分布在地中海周邊的大鱗櫟的大殼斗，可用作單寧的原料，現在仍被用於產業上（請參照 p.106、p.110）。日本也是，麻櫟及其橡實，古名為 "橡"，便是在橡實、殼斗、樹皮熬煮出來的汁中加入鐵，用作 "橡染" 的染料。歐洲也會把沒食子櫟的蟲癭中所含的單寧用作墨水的原料（請參照 p.110、p.123），這便是殼斗科植物與昆蟲共生製造的產物，被人類加以利用的例子。橡實，是人類生活不可或缺的東西。

圖 18　美國科羅拉多州內的原住民阿納薩齊族的居住遺跡，殘留用來將橡實和玉米磨成粉的石器道具。
從 1 世紀居住開始，使用到 14 世紀左右。現在變成梅薩維德國家公園（世界文化遺產）。

結語

　　與德永桂子女士的初次見面，應該是在 2003 年籌畫上一本著作《日本橡實大圖鑑》的時候。她與編輯三原道弘先生一起到訪我工作的博物館，詢問確認外國產的品種。當時，我雖然每年到泰國清邁近郊的因他暖山調查森林的植物，但是我對國外的殼斗科植物知之甚少，只好想辦法查閱手邊的書，設法回答問題。當時並不像現在，是個只要上網就能輕鬆查找全世界植物及標本圖像的時代。之後，我益發沉迷於殼斗科的植物，每年都會前往東南亞的森林持續調查。與德永女士可說是同好，維持互相關照的關係，也因為這份機緣，得以協助出版本書。

　　德永女士除了具備插畫家的技能，其行動力也相當驚人。亞洲、歐洲、非洲、北美、中美、南美、澳洲，不管地球何處，只要一聯繫上就會馬上出發，實地勘察繪製橡實的插畫。即便是研究者，也少見能在短時間內前往那麼多土地進行調查的人。本書是我第一次見識到兼具高度行動力與高超繪畫技術的集結，是世界上前所未見，獨特且精美的植物圖鑑。

　　我負責安排本書每個物種的順序及介紹，每個種都會附加說明學名的由來與涵義，還有卷末解說，這是三原道弘先生的期望。但是礙於版面字數限制無法充分說明，不過若能讓您了解到決定生物名稱的背景及生物特徵，以及研究史、植物與人的關係等，我們將深感榮幸。最後要對本書的編輯已故的三原道弘先生，以及湯原公浩先生，致上最誠摯的謝意。

原 正利

學名索引

學名索引

作者簡介

作者：德永桂子（Tokunaga Keiko）

插畫家。1947 年生。最初是繪製兒童繪本，在 1994 年左右開始繪製橡實，迄今仍經常前往世界各地，繪製親自造訪過的各種橡實。

■國際獎項

2001 年，獲頒英國皇家園藝協會（RHS）植物藝術類金獎。

■繪畫參展

2014 年，日本千葉縣立中央博物館＜橡實的世界展＞

2014 年，日本宮崎縣立綜合博物館＜橡實與松果展＞

■著作

《日本橡實大圖鑑》（日本どんぐり大図鑑、2004 年、偕成社）。

■部落格

どんぐり訪ねて三千里 - 3000 Leagues in Search of Acorns（https://kigasuki.exblog.jp/）

解說：原正利（Hara Masatoshi）

原千葉縣立中央博物館生態・環境研究部長。1957 年生。專長為森林生態學、植生學。深受大片森林與樹木的生態所吸引，研究日本櫸木林、照葉樹林、東南亞的熱帶山地林。近年則持續調查熱帶殼斗科植物的分布。

■著作

《山毛櫸林的自然誌》（ブナ林の自然誌、1996 年、平凡社）

《橡實的生物學—殼斗科植物的多樣性與適應策略》（どんぐりの生物学—ブナ科植物の多様性と適応戦略、2019 年、京都大學學術出版社）

■部落格

森・樹・花・実の自然誌（http://forestplant.blog.fc2.com/）

世界橡實圖鑑：環遊亞、歐、美、非洲 132 種殼斗科觀察手繪寫真（世界のどんぐり図鑑）

作　　　者	德永桂子／著、原正利／解說
譯　　　者	謝蘭鎂
審　　　訂	林奐慶
社　　　長	張淑貞
總　編　輯	許貝羚
主　　　編	鄭錦屏
特 約 美 編	謝蘭鎂
行 銷 企 劃	洪雅珊
國 際 版 權	吳怡萱

發 行 人　何飛鵬
事業群總經理　李淑霞
出　　版　城邦文化事業股份有限公司　麥浩斯出版
E-mail　cs@myhomelife.com.tw
地　　址　104 台北市民生東路二段 141 號 8 樓
電　　話　02-2500-7578
傳　　真　02-2500-1915
購書專線　0800-020-299
發　　行　英屬蓋曼群島商家庭傳媒股份有限公司城邦分公司
地　　址　104 台北市民生東路二段 141 號 2 樓
電　　話　02-2500-0888
讀者服務電話　0800-020-299（9:30AM~12:00PM；01:30PM~05:00PM）
讀者服務傳真　02-2517-0999
劃撥帳號　19833516
戶　　名　英屬蓋曼群島商家庭傳媒股份有限公司城邦分公司

香港發行城邦〈香港〉出版集團有限公司
地　　址　香港灣仔駱克道 193 號東超商業中心 1 樓
電　　話　852-2508-6231
傳　　真　852-2578-9337

新馬發行　城邦〈新馬〉出版集團 Cite(M) Sdn. Bhd.(458372U)
地　　址　41, Jalan Radin Anum, Bandar Baru Sri Petaling,57000 Kuala Lumpur, Malaysia.
電　　話　603-9057-8822
傳　　真　603-9057-6622

製版印刷　凱林印刷事業股份有限公司
總 經 銷　聯合發行股份有限公司
電　　話　02-2917-8022
傳　　真　02-2915-6275
版　　次　初版 2 刷 2023 年 1 月
定　　價　新台幣 980 元／港幣 327 元
Printed in Taiwan

國家圖書館出版品預行編目（CIP）資料

世界橡實圖鑑：環遊亞、歐、美、非洲 132 種殼斗科觀察手繪寫真 / 德永桂子
著；謝蘭鎂譯. -- 初版. -- 臺北市：城邦文化事業股份有限公司麥浩斯出
版：英屬蓋曼群島商家庭傳媒股份有限公司城邦分公司發行，2022.03
　面；　公分
譯自：世界のどんぐり図鑑
ISBN 978-986-408-772-3（精裝）

1. 雙子葉植物 2. 植物圖鑑

377.22025　　　　　　　　　　　　　　　　　　　　110021817

原書編輯／三原道弘、湯原公浩
原書設計／佐藤 忠